浙江省高职院校“十四五”重点立项建设教材

高等职业教育安全防范技术系列教材

# 数智视频监控系统设备检测与维修

（微课版）


孙　宏　林辉送　主　编

李　志　王昌成　副主编

電子工業出版社

Publishing House of Electronics Industry

北京 • BEIJING

## 内 容 简 介

在深化产教融合、校企合作的职教大背景下，本书以国家“双高计划”学校和安防龙头企业共建的校内生产性实践基地为基础，取材企业真实维修案例，融合了“岗课赛证”相关内容。

本书共 8 章，内容包括元器件认知、维修工具的使用、常用集成电路介绍、焊接基础知识与实践、视频监控系统概述、前端设备故障的分析与排除、传输设备故障的分析与排除、存储设备故障的分析与排除，着重介绍了视频监控系统的前端设备、传输设备、存储设备的常见故障、故障分析过程、故障排除等。

本书图文有机结合，内容丰富，知识新颖实用，材料丰富可靠，技术原理简明扼要，系统应用理论与实践相结合，不仅可作为高职院校安全防范类相关专业核心课程的教材，还可作为安全防范行业职业资格培训的辅导用书。

未经许可，不得以任何方式复制或抄袭本书之部分或全部内容。
版权所有，侵权必究。

**图书在版编目（CIP）数据**

数智视频监控系统设备检测与维修 ： 微课版 / 孙宏,
林辉送主编. -- 北京 ： 电子工业出版社, 2024. 6.
ISBN 978-7-121-48388-2

Ⅰ. TP277.2

中国国家版本馆 CIP 数据核字第 2024AK1277 号

责任编辑：徐建军
印　　刷：涿州市京南印刷厂
装　　订：涿州市京南印刷厂
出版发行：电子工业出版社
　　　　　北京市海淀区万寿路 173 信箱　　邮编：100036
开　　本：787×1 092　1/16　印张：10.25　字数：276 千字
版　　次：2024 年 6 月第 1 版
印　　次：2024 年 6 月第 1 次印刷
印　　数：1 200 册　定价：38.00 元

凡所购买电子工业出版社图书有缺损问题，请向购买书店调换。若书店售缺，请与本社发行部联系，联系及邮购电话：（010）88254888，88258888。

质量投诉请发邮件至 zlts@phei.com.cn，盗版侵权举报请发邮件至 dbqq@phei.com.cn。

本书咨询联系方式：（010）88254570，xujj@phei.com.cn。

# 本书编委会成员

**主　编**　孙　宏　林辉送

**副主编**　李　志　王昌成

**编委主任**

严浩仁　李智杰

**编委副主任**

刘　明　金建德　聂财勇　徐　慧

**编委会成员（按拼音排序）**

蔡　亮　何芳芳　何家东　何建峰　虎永强　黄赐昌　鞠春洪
李　特　刘桂芝　罗兴辉　潘高炳　陶松宽　童东光　万　敏
汪海燕　王佳蕊　吴　峰　夏礼波　谢家靖　刑奥林　杨群清
周俊勇

# 前言
# Preface

视频监控系统已经成为城市治安管理的重要组成部分，随着国家新基建的发展、智慧城市的建设，视频监控系统朝着高清化、智能化、规模化、密集化方向发展，城市安防视频监控行业市场规模呈指数级增长。由于很多视频监控系统虽然在设计时十分注重前端设备质量，但对其运营维护却缺乏管理，因此出现故障常常不能及时发现、及时处理，导致系统不能正常运行甚至处于半失效状态。国家发展和改革委员会等九部门曾联合发文要求，到 2020 年，重点公共区域安装的视频监控摄像机完好率达到 98%，重点行业、领域安装的涉及公共区域的视频监控摄像机完好率达到 95%。公安部也要求通过图像信息部级联网平台的运维管理模块对各省平安城市运维情况进行考核，联网指标、在线率、完好率和图像质量成为公安系统视频监控运维情况考核的标准。国家及地方政府对视频监控运维的要求在逐年提高，视频监控设备的维修需求也在飞速上涨。

作为国家“双高计划”学校之一的浙江警官职业学院，拥有国家示范、国家骨干、省双高、省特色、省优势的安全防范技术专业，与安防龙头企业浙江大华技术股份有限公司合作了近 20 年。双方在 2019 年共建了校内生产性实践基地“数智安防检测检修中心”，在人才共育、项目共建、成果共享等方面获得了一系列省级和国家级成效。《数智视频监控系统设备检测与维修（微课版）》正是基于此校企合作背景，由双方共同精心打造的又一成果。本书不仅可作为高职院校安全防范类相关专业核心课程的教材，还可作为安全防范行业职业资格培训的辅导用书。本书维修内容源于企业真实维修案例，吸收了全国职业院校技能大赛高职组“电子产品芯片级检测维修与数据恢复”赛项的经验，融合了“安全防范系统建设与运维”1+X 证书标准、“安全防范系统安装维护员”国家职业标准等要求，探索了“岗课赛证”融合育人模式。

本书共 8 章。第 1 章为元器件认知，介绍了常用元器件的基本功能、外形、文字符号、参数规格等。第 2 章为维修工具的使用，介绍了数字式万用表、示波器、烧录器、可调直流稳压电源等常用维修工具的功能、使用方法和注意事项等。第 3 章为常用集成电路介绍，介绍了集成电路的作用、封装形式及安防视频监控系统主控芯片和周边芯片等。第 4 章为焊接基础知识与实践，介绍了焊接机理，焊料的种类与特点，助焊剂的种类与选用，电烙铁的分类、结构和选择，以及手工焊接基本操作方法等。第 5 章为视频监控系统概述，介绍了民用级、普通园区级、城市级视频监控系统的架构、主要设备等。第 6 章为前端设备故障的分析与排除，介绍了前端设备网络不通、不上电、监控图像花屏、无图像、画面不全等典型故障、故障分析过程、维修要点、相关知识点等。第 7 章为传输设备故障的分析与排除，介绍了传输设备无 Wi-Fi 网络、网口不通、不供电等典型故障、故障分析过程、维修要点、相关知识点等。第 8 章为存储设备故障的分析与排除，介绍了存储设备不上电、无图像、网络不通、无 VGA 输出、不识别硬盘等典型故障、故障分析过程、维修要点、相关知识点等。

本书由国家“双高计划”学校之一浙江警官职业学院的孙宏和安防龙头企业浙江大华技术股份有限公司的林辉送担任主编，李志和王昌成担任副主编。其中，第 1 章由杨群清编写，李志审核；第 2 章由杨群清编写，徐慧审核；第 3 章由周俊勇编写，王昌成审核；第 4～8 章由浙江大华技术股份有限公司的技术员提供素材，孙宏整理编写。全书由孙宏、林辉送审核和统稿。本书在编写过程中得到了浙江大华技术股份有限公司的童东光、潘高炳、虎永强、鞠春洪、罗兴辉、夏礼波、陶松宽、何建峰、何家东、刑奥林、黄赐昌、吴峰等技术员的指导与帮助，他们提供了大量真实维修素材，在此一并表示衷心的感谢。

为便于读者学习，本书配有教学资源，读者可以在华信教育资源网（www.hxedu.com.cn）注册后免费下载，教学视频请扫描书中相应二维码浏览。同时，所有教学资源在超星专业教学资源库平台中实现共享，欢迎教师用户联系作者使用该平台开展线上、线下混合式教学。

由于编者水平有限，书中难免有不当之处，敬请各位读者批评指正，以便在今后的修订中不断改进。

编　者

# 目录

Contents

# 第 1 章 元器件认知

## 知识目标

1. 掌握常用元器件的基本功能。
2. 熟悉常用元器件的外形。
3. 熟悉常用元器件的文字符号。

## 能力目标

1. 能正确认识常用元器件。
2. 能正确识读常用元器件的参数规格。
3. 能区分常用元器件。

## 素质目标

1. 培养积极、有责任心的学习和工作态度。
2. 紧跟时代步伐，尽早规划个人职业生涯。
3. 了解安防产品维修行业的发展状态，培养终身学习的理念。

# 1.1　元器件的基本概念

## 1.1.1　PCB 和元器件

元器件是小型机器、仪器、仪表的组成部分，其本身由若干零件构成，可以在同类产品中通用，是电阻、电容、晶体管等元件和器件的总称，一般集成在 PCB 上。PCB 如图 1.1 所示。

图 1.1　PCB

元器件包括电阻、电容、电感、电位器、散热器、机电元件、连接器、半导体器件（如二极管、三极管等）、电子管、传感器、电源、开关、微特电机、电子变压器、继电器、集成电路、电声器件、激光器件、电子显示器件、光电器件等。PCB 上的元器件如图 1.2 所示。

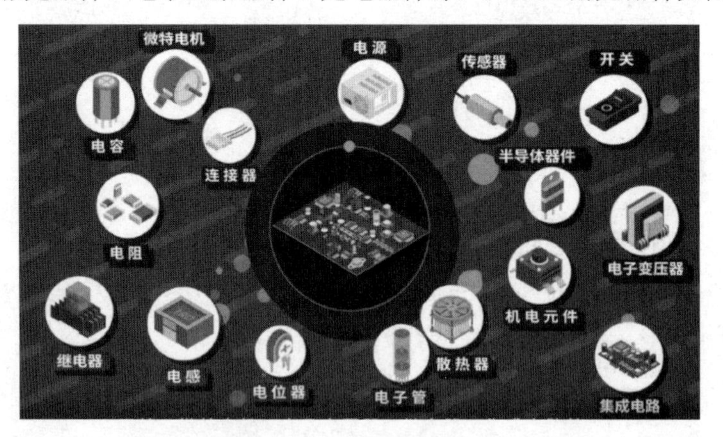


图 1.2　PCB 上的元器件

目前，元器件的质量由欧盟的 CE 认证、美国的 UL 认证、德国的 VDE 认证和 TUV 认证、中国的 CQC 认证等来保证。

### 1.1.2　常用术语

元器件常用术语如下。

DIP：双列直插式封装（两排引脚）。

SIP：单列直插式封装（一排引脚）。

SMD：表面贴装器件。

轴向元器件：元器件引脚从元器件两端伸出。

径向元器件：元器件引脚从元器件同一端伸出。

PCB：印制电路板。

PCBA：成品印制电路板。

引脚：元器件的一部分，用于把元器件焊在 PCB 上。

单面板：只有一面用金属处理的 PCB。

双面板：上、下两面都有线路的 PCB。

层板：除上、下两面都有线路以外，内层也有线路的 PCB。

元器件面：PCB 上插元器件的一面。

焊接面：PCB 上元器件面的反面。

焊盘：PCB 上用来焊接元器件引脚或金属端的金属部分。

金属化孔：一般用来插元器件和布明线的金属化孔。

连接孔：（相对于金属化孔）一般不用来插元器件和布明线的金属化孔。

虚焊：焊锡未完全浸润被焊金属，导致被焊金属间接触不良。

冷焊：焊锡未完全熔化、浸润被焊金属，导致焊锡表面无光泽。

桥接：有引脚的零件引脚与引脚之间焊锡连接导致短路。

元器件的文字符号：R、C、L、D、Q、SW、U、X（Y）、J、OC、T、F 等。

极性元器件：插入 PCB 时必须定向。

极性标识：PCB 上极性元器件的位置印有极性标识。

错件：元器件放置的规格或种类与作业规定不符。

缺件：应放置元器件的位置，因不正常缘故而空缺。

跪脚：元器件引脚打折形成跪脚。

自检：由工作的完成者依据规定对该工作进行检验。

## 1.2　常用元器件的分类

常用元器件可大致分为 12 类，具体分类如下。

### 1.2.1　电阻

电阻（Resistor）的文字符号是“R”。电阻是一个限流元件，可限制通过它所在支路的电流。电阻一般有两个引脚。阻值不能改变的电阻称为固定电阻，阻值可变的电阻称为电位器或可变电阻。理想的电阻是线性的，即通过电阻的瞬时电流与外加瞬时电压成正比。电阻有贴片电阻、色环电阻、压敏电阻等，其实物图如图 1.3～图 1.5 所示。

图 1.3　贴片电阻

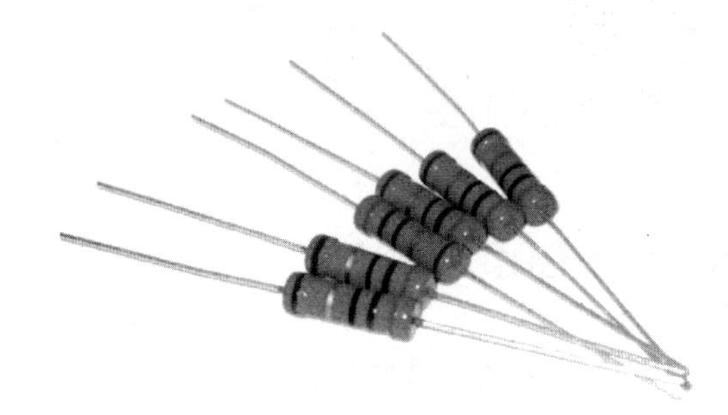

图 1.4　色环电阻

图 1.5　压敏电阻

## 1.2.2　电容

电容（Capacitor）的文字符号是“C”。两个相互靠近的导体，中间夹一层不导电的绝缘介质，就构成了电容。当在电容的两个极板之间加上电压时，电容就会储存电荷。电容在调谐、旁路、耦合、滤波等电路中起着重要作用。晶体管收音机的调谐电路要用到电容，彩色电视机的耦合电路、旁路电路等也要用到电容。电容有贴片电容、电解电容、磁片电容、聚酯电容等，其实物图如图 1.6～图 1.9 所示。

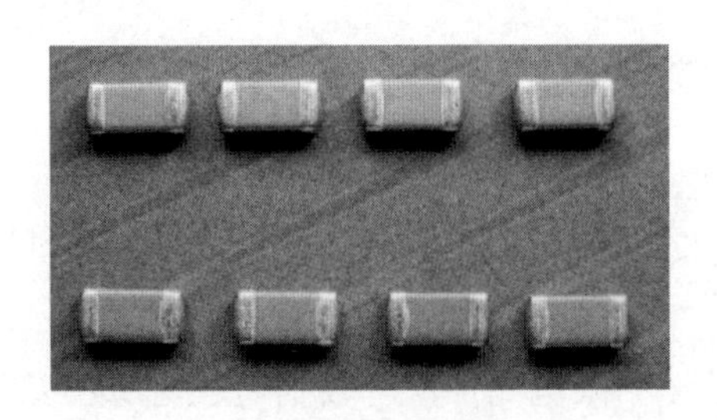

图 1.6　贴片电容

图 1.7　电解电容

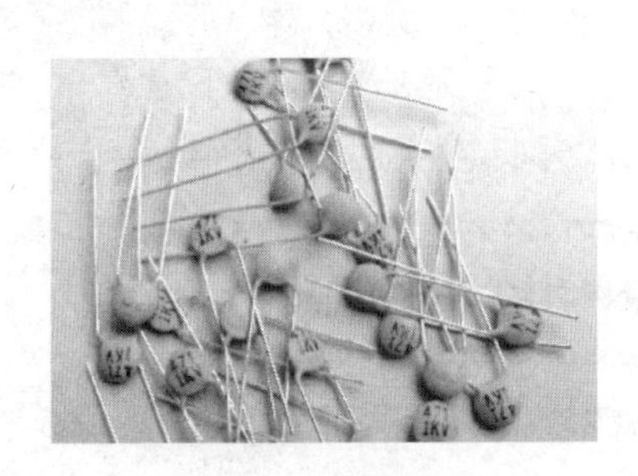

图 1.8　磁片电容

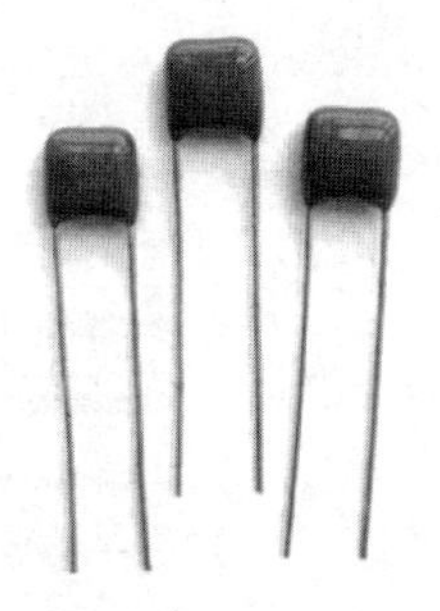

图 1.9　聚酯电容

## 1.2.3　电感

电感（Inductor）的文字符号是“L”。电感是能够把电能转换为磁能存储起来的元件。电感的结构类似于变压器，但只有一个绕组。电感中具有一定的电感量，它只阻碍电流的变化。在电感中没有电流流过的状态下，当电路接通时它将试图阻碍电流流过；在电感中有电流流过的状态下，当电路断开时它将试图维持电流不变。电感又称扼流器、电抗器、动态电抗器。电感有贴片绕线电感、色环电感、绕线电感等，其实物图如图 1.10～图 1.12 所示。

图 1.10　贴片绕线电感

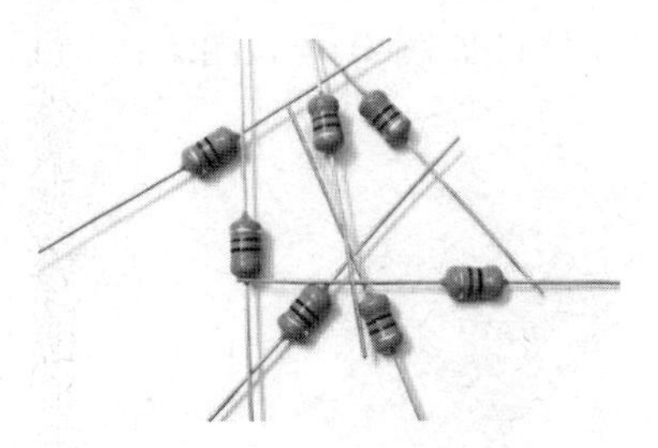

图 1.11　色环电感

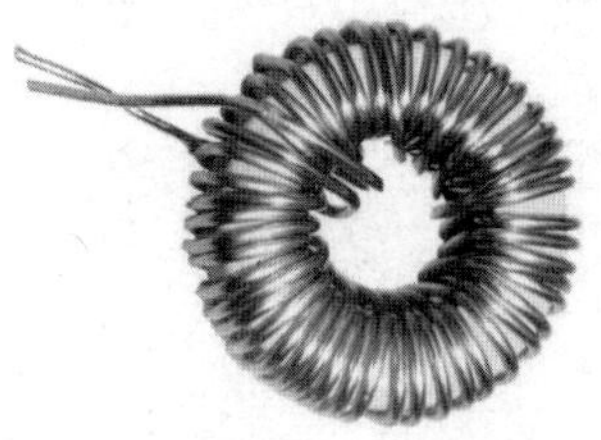

图 1.12　绕线电感

## 1.2.4　二极管

二极管（Diode）的文字符号是“D”。二极管内部有一个由 P 型半导体和 N 型半导体构成的 PN 结，有正、负两个端子，一端称为阳极，另一端称为阴极，电流只能从阳极向阴极方向流动。二极管有贴片二极管、整流二极管、稳压二极管、阻尼二极管、发光二极管（LED）等，其实物图如图 1.13～图 1.17 所示。

图 1.13　贴片二极管

图 1.14　整流二极管

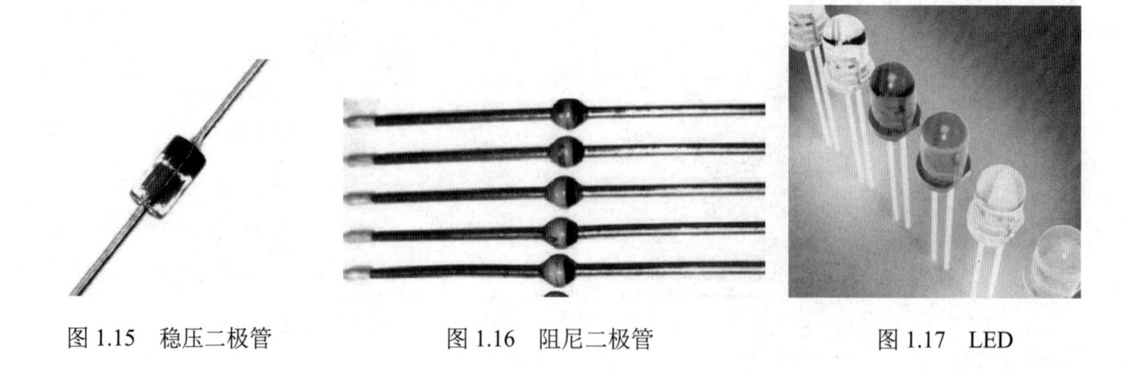

图 1.15　稳压二极管　　图 1.16　阻尼二极管　　图 1.17　LED

## 1.2.5　三极管

三极管（Triode）的文字符号是“Q”，其全称为半导体三极管，也称双极型晶体管、晶体三极管，是一种控制电流的半导体器件。三极管的作用是把微弱信号放大成幅度较大的电信号，也可用作无触点开关。三极管是基本半导体器件之一，具有电流放大作用，是电子电路的核心器件。三极管内部的一块半导体基片上有两个相距很近的 PN 结，两个 PN 结把整块半导体分成三部分，中间部分是基区，两侧部分是发射区和集电区，排列方式有 PNP 和 NPN 两种。三极管有直插三极管和贴片三极管，其实物图如图 1.18 和图 1.19 所示。

图 1.18　直插三极管

图 1.19　贴片三极管

## 1.2.6　开关

开关（Switch）的文字符号是“SW”。开关有拨挡开关、按键开关等，其实物图如图 1.20 和图 1.21 所示。

图 1.20　拨挡开关

图 1.21　按键开关

## 1.2.7　集成电路

集成电路（Integrated Circuit）的文字符号是“U”，常见的封装形式有 DIP、SOP、QFP、BGA 封装、PLCC 封装等。

（1）DIP（Dual In-Line Package，双列直插式封装）。DIP 如图 1.22 所示，绝大多数中小规模集成电路采用这种封装形式，其引脚个数一般不超过 100。DIP 的集成电路有两排引脚，需要插到具有 DIP 结构的集成电路插座上。当然，也可以直接插到有相同焊孔数和几何排列的 PCB 上进行焊接。

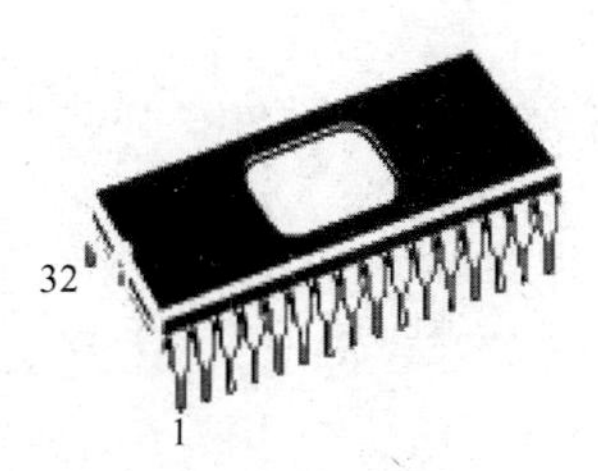


图 1.22　DIP

（2）SOP（Small Outline Package，小外形封装）。SOP 是一种非常常见的表面贴装型封装，如图 1.23 所示，引脚从封装两侧引出，呈海鸥翼状（L 形），封装材料有塑料和陶瓷两种。后来，由 SOP 衍生出 SOJ（J 形引脚 SOP）、TSOP（薄 SOP）、VSOP（甚小 SOP）、SSOP（缩小型 SOP）、TSSOP（薄的缩小型 SOP）、SOT（小外形晶体管）、SOIC（小外形集成电路）等封装形式。

图 1.23　SOP

SOP 的典型特点是在封装两侧有很多引脚，封装操作方便，可靠性比较高，是目前主流的封装形式之一，属于真正的系统级封装，目前常应用于一些存储器类型的集成电路。

（3）QFP（Quad Flat Package，方形扁平封装）。QFP 如图 1.24 所示，一般大规模或超大

规模集成电路采用这种封装形式，其引脚个数一般在 100 以上。QFP 的集成电路引脚之间的距离很小，引脚很细。QFP 的集成电路必须采用 SMT（Surface Mount Technology，表面贴装技术）将集成电路与主板焊接起来。采用 SMT 安装集成电路不必在主板上打孔，一般在主板表面上有设计好的相应引脚的焊点。将集成电路各引脚对准相应的焊点，即可实现集成电路与主板的焊接。

图 1.24　QFP

QFP 具有以下特点。

① 封装 CPU 时操作方便，可靠性高。

② 封装外形尺寸较小，寄生参数较小，适用于高频应用场合。

③ 适合用 SMT 在 PCB 上布线。

目前 QFP 的应用非常广泛，很多 MCU（Micro Control Unit，微控制单元）集成电路都采用了这种封装形式。

（4）BGA（Ball Grid Array，球栅阵列）封装。BGA 封装如图 1.25 所示，这种封装形式一出现便成为集成电路、主板南/北桥芯片等高密度、高性能、多引脚封装的最佳选择。BGA 封装占用基板的面积比较大。虽然 BGA 封装的 I/O 引脚个数增多，但引脚之间的距离远大于 QFP，从而提高了组装成品率。BGA 封装采用可控塌陷芯片法焊接，可以改善它的电热性能。另外 BGA 封装可采用共面焊接，从而能提高封装的可靠性，并且 BGA 封装的 CPU 信号传输延迟小，适应频率大大提高。

图 1.25　BGA 封装

（5）PLCC（Plastic Leaded Chip Carrier，塑料无引线芯片载体）封装。PLCC 封装如图 1.26 所示，这是一种表面贴装型封装，引脚从封装的四个侧面引出，呈“丁”字形，外形尺寸比 DIP 小得多。PLCC 封装适合用 SMT 在 PCB 上布线，具有外形尺寸小、可靠性高等优点。

PLCC 封装为特殊引脚芯片封装，是贴片封装的一种，其引脚在芯片底部向内弯曲，因此在芯片的俯视图中是看不见引脚的。PLCC 封装芯片的焊接采用回流焊工艺，需要使用专用的焊接设备。

图 1.26　PLCC 封装

## 1.2.8　晶振

晶振（Crystal Oscillator）的文字符号是“X”或“Y”。晶振具有压电效应，即在晶片两极外加电压后晶片会产生变形，反过来，如果外力使晶片变形，则晶片两极会产生电压。如果给晶片加上适当的交变电压，晶片就会产生谐振（谐振频率与石英晶体斜面倾角等有关系，且谐振频率一定）。晶振利用一种能使电能和机械能相互转换的晶体在共振的状态下工作，可以提供稳定、精确的单频振荡。在通常工作条件下，普通晶振谐振频率的绝对精度可达百万分之五十。利用该特性，晶振可以提供较稳定的脉冲。晶振广泛应用于微芯片的时钟电路。晶振如图 1.27 所示。

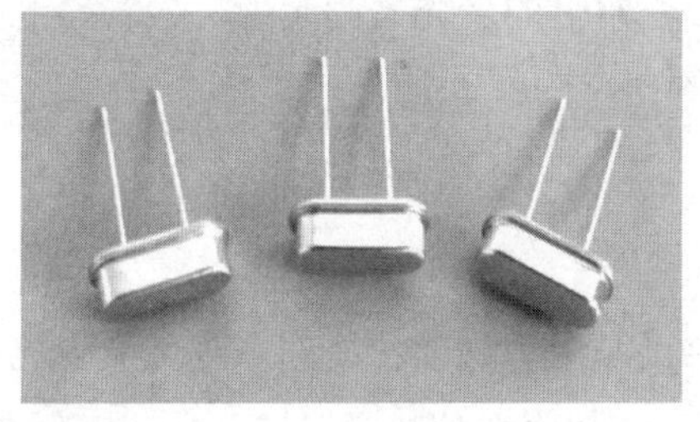

图 1.27　晶振

## 1.2.9　接插件

接插件（Jack）的文字符号是“J”。接插件也称连接器，是实现电路器件、部件或组件之间可拆卸连接的最基本的机械式电气连接器件。常用的接插件包括各种插头（插件）、插座（接件）与接线端子等，其主要功能是传输信号和电流，以及控制所连接电路的通断。接插件种类很多，外形各异，应用十分广泛，其性能好坏直接影响到整个电路系统是否能正常工作。接插件可分为两大类型：一类是用于电子电器与外部设备连接的接插件；另一类是用于电子电器内部 PCB 与 PCB、PCB 与器件或组件等之间线路连接的接插件。按形式不同，接插件可分为单芯插头和插座、二芯插头和插座、三芯插头和插座、同轴插头和插座、多极插头和插座等。按用途不同，接插件可分为音频/视频插头和插座、PCB 插座、电源插头和插座、集成电路插座、管座、接线柱、接线端子和连接器等。常见的接插件如图 1.28 所示。

图 1.28　常见的接插件

## 1.2.10　光电耦合器

图 1.29　光电耦合器

光电耦合器（Optical Coupler）的文字符号是“OC”。光电耦合器是以光为媒介传输电信号的一种电—光—电转换器件，由发光源和受光器两部分组成。把发光源和受光器组装在同一密闭的壳体内，彼此间用透明绝缘体隔离。发光源的引脚为输入端，受光器的引脚为输出端，常见的发光源为 LED，常见的受光器为光敏二极管、光敏三极管等。光电耦合器如图 1.29 所示。

## 1.2.11　变压器

变压器（Transformer）的文字符号是“T”。变压器是利用电磁感应原理来改变交流电压的装置，其主要构件是初级线圈、次级线圈和铁芯（磁芯），其主要功能有电压变换、电流变换、阻抗变换、隔离、稳压（磁饱和变压器）等。变压器如图 1.30 所示。

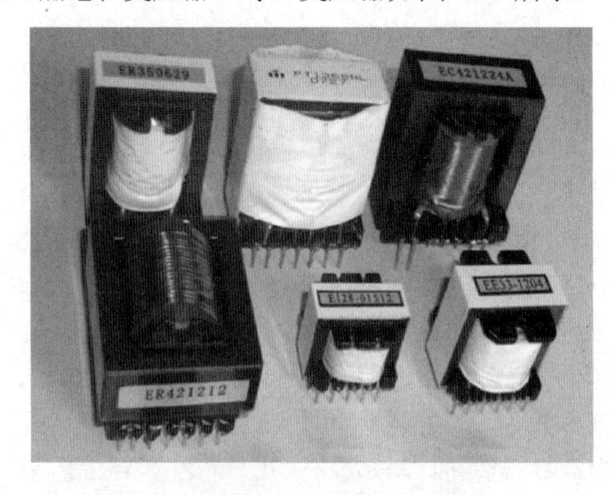


图 1.30　变压器

### 1.2.12　熔断器

熔断器（Fuse）的文字符号是“F”。熔断器俗称保险管、熔丝管，是一种安装在电路中，用于保证电路安全运行的电气元件。熔断器是用铅锡合金或铅锑合金材料制成的，具有熔点低、电阻率高、熔断速度快等特点。熔断器如图 1.31 所示。

图 1.31　熔断器

## 1.3　常用电学物理量的单位及其换算

常用电学物理量的单位及其换算方法如下。

**1. 电阻**

电阻的基本单位为 Ω（欧），常用单位为 kΩ（千欧）、MΩ（兆欧）。它们之间的换算关系为 $1\text{M}\Omega=10^3\text{k}\Omega=10^6\Omega$。

**2. 电容**

电容的基本单位为 F（法），常用单位为 mF（毫法）、μF（微法）、nF（纳法）、pF（皮法）。它们之间的换算关系为 $1\text{F}=10^3\text{mF}=10^6\mu\text{F}=10^9\text{nF}=10^{12}\text{pF}$。

**3. 电感**

电感的基本单位为 H（亨），常用单位为 mH（毫亨）、μH（微亨）、nH（纳亨）。它们之间的换算关系为 $1\text{H}=10^3\text{mH}=10^6\mu\text{H}=10^9\text{nH}$。

## 1.4　识别常用元器件

识别 PCB 上常用元器件

### 1.4.1　常用元器件在 PCB 上的丝印

丝印是指用丝网印刷技术来制作 PCB。画 PCB 时是需要分层的，其中包含文字的一层用来标注元器件或添加其他信息，叫作丝印层。

通过丝网印刷技术将元器件外形、代号及其他说明性文字印制在元器件面或焊接面上，以方便 PCB 生产过程中的插件（包括 SMD 的贴片）及日后产品的维修。

以下是常用元器件在 PCB 上的丝印。

（1）电阻在 PCB 上的丝印如图 1.32 所示。

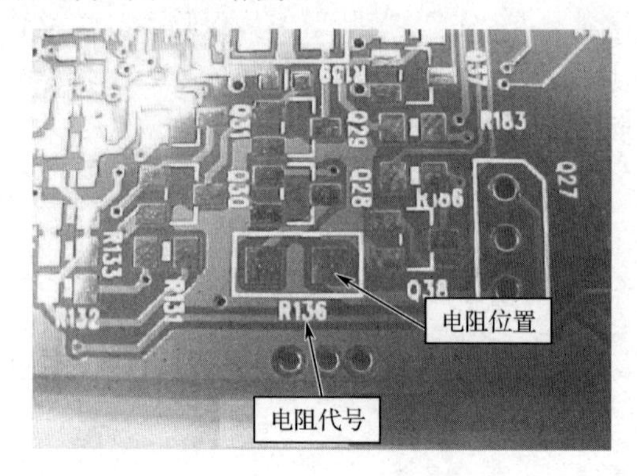


图 1.32　电阻在 PCB 上的丝印

（2）二极管在 PCB 上的丝印如图 1.33 所示。

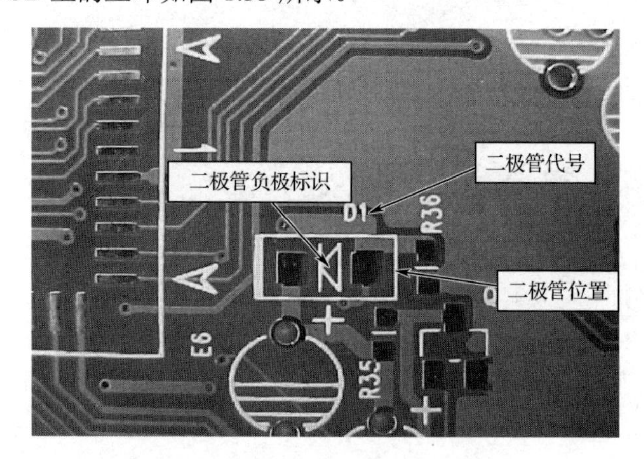


图 1.33　二极管在 PCB 上的丝印

（3）贴片三极管在 PCB 上的丝印如图 1.34 所示。

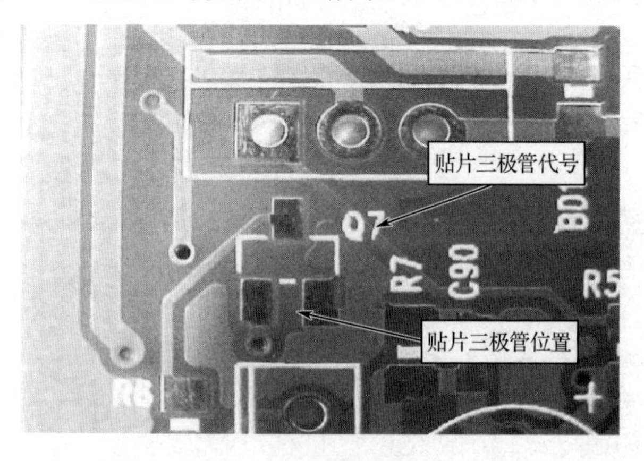


图 1.34　贴片三极管在 PCB 上的丝印

（4）贴片集成电路在 PCB 上的丝印如图 1.35 所示。

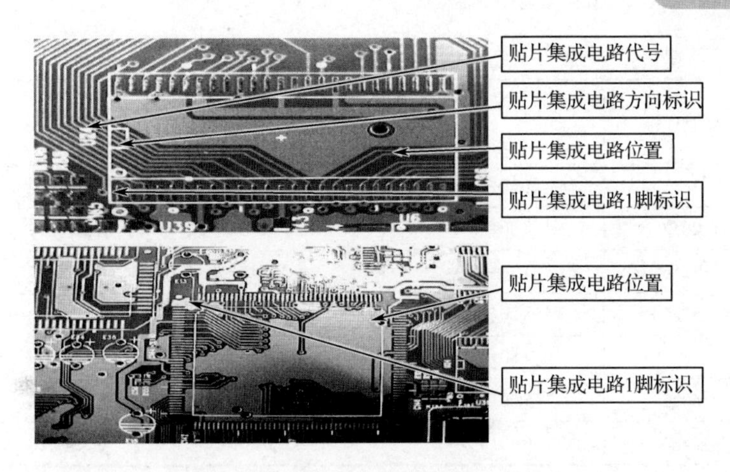


图 1.35 贴片集成电路在 PCB 上的丝印

（5）晶振在 PCB 上的丝印如图 1.36 所示。

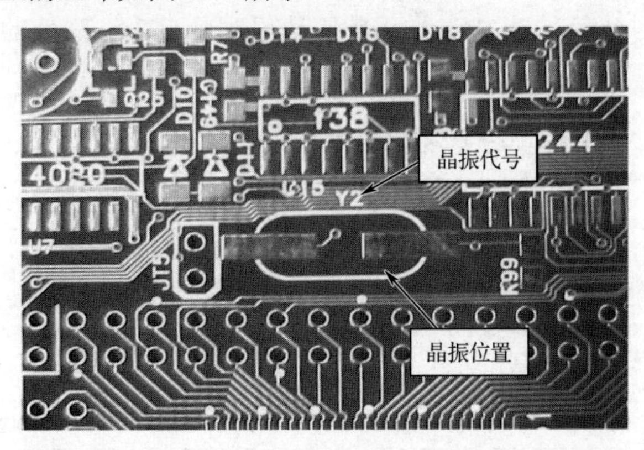


图 1.36 晶振在 PCB 上的丝印

认识贴片电阻

## 1.4.2 贴片电阻的识别

### 1.4.2.1 贴片电阻的基本参数

贴片电阻有 5 种参数，即尺寸、阻值、允许误差、温度系数及包装，分别描述如下。

**1. 尺寸**

贴片电阻的尺寸系列中一般有 9 种尺寸，用两种尺寸代码来表示：一种是由 4 位数字表示的 EIA（美国电子工业协会）代码，前两位与后两位分别表示电阻的长与宽，以英寸（in）为单位；另一种是米制代码，也由 4 位数字表示，以毫米（mm）为单位。不同尺寸的电阻，其额定功率不同。表 1.1 所示为常见封装的贴片电阻的尺寸代码和额定功率。

表 1.1 常见封装的贴片电阻的尺寸代码和额定功率

| EIA 代码 | 米制代码 | 长（*L*）/mm | 宽（*W*）/mm | 高（*H*）/mm | 额定功率/W |
|---|---|---|---|---|---|
| 0201 | 0603 | 0.60±0.05 | 0.30±0.05 | 0.23±0.05 | 1/20 |
| 0402 | 1005 | 1.00±0.10 | 0.50±0.10 | 0.30±0.10 | 1/16 |

续表

| EIA 代码 | 米制代码 | 长（L）/mm | 宽（W）/mm | 高（H）/mm | 额定功率/W |
|---|---|---|---|---|---|
| 0603 | 1608 | 1.60±0.15 | 0.80±0.15 | 0.40±0.10 | 1/10 |
| 0805 | 2012 | 2.00±0.20 | 1.25±0.15 | 0.50±0.10 | 1/8 |
| 1206 | 3216 | 3.20±0.20 | 1.60±0.15 | 0.55±0.10 | 1/4 |
| 1210 | 3225 | 3.20±0.20 | 2.50±0.20 | 0.55±0.10 | 1/3 |
| 1812 | 4832 | 4.80±0.20 | 3.20±0.20 | 0.55±0.10 | 1/2 |
| 2010 | 5025 | 5.00±0.20 | 2.50±0.20 | 0.55±0.10 | 3/4 |
| 2512 | 6432 | 6.40±0.20 | 3.20±0.20 | 0.55±0.10 | 1 |

### 2. 阻值

标称阻值是按阻值系列来确定的，阻值系列按阻值的允许误差来划分（阻值的允许误差越小，阻值系列划分得越多），其中最常用的阻值系列是 E-24（阻值的允许误差为±5%），如表 1.2 所示。

表 1.2　E-24 系列贴片电阻速查表（常用于精度 5%）

| E-24 | 1～10Ω | | | 10～100Ω | | | 100～1kΩ | | | 1～10kΩ | | | 10～100kΩ | | | 100kΩ～1MΩ | | | 1～10MΩ | | |
|---|---|---|---|---|---|---|---|---|---|---|---|---|---|---|---|---|---|---|---|---|---|
| 标准值 | 阻值 | 3 位标注 | 4 位标注 | 阻值 | 3 位标注 | 4 位标注 | 阻值 | 3 位标注 | 4 位标注 | 阻值 | 3 位标注 | 4 位标注 | 阻值 | 3 位标注 | 4 位标注 | 阻值 | 3 位标注 | 4 位标注 | 阻值 | 3 位标注 | 4 位标注 |
| 1 | 1.0Ω | 1R0 | 1R00 | 10Ω | 100 | 10R0 | 100Ω | 101 | 100R | 1kΩ | 102 | 1001 | 10kΩ | 103 | 1002 | 100kΩ | 104 | 1003 | 1.0MΩ | 105 | 1004 |
| 1.1 | 1.1Ω | 1R1 | 1R10 | 11Ω | 110 | 11R0 | 110Ω | 111 | 110R | 1.1kΩ | 112 | 1101 | 11kΩ | 113 | 1102 | 110kΩ | 114 | 1103 | 1.1MΩ | 115 | 1104 |
| 1.2 | 1.2Ω | 1R2 | 1R20 | 12Ω | 120 | 12R0 | 120Ω | 121 | 120R | 1.2kΩ | 122 | 1201 | 12kΩ | 123 | 1202 | 120kΩ | 124 | 1203 | 1.2MΩ | 125 | 1204 |
| 1.3 | 1.3Ω | 1R3 | 1R30 | 13Ω | 130 | 13R0 | 130Ω | 131 | 130R | 1.3kΩ | 132 | 1301 | 13kΩ | 133 | 1302 | 130kΩ | 134 | 1303 | 1.3MΩ | 135 | 1304 |
| 1.5 | 1.5Ω | 1R5 | 1R50 | 15Ω | 150 | 15R0 | 150Ω | 151 | 150R | 1.5kΩ | 152 | 1501 | 15kΩ | 153 | 1502 | 150kΩ | 154 | 1503 | 1.5MΩ | 155 | 1504 |
| 1.6 | 1.6Ω | 1R6 | 1R60 | 16Ω | 160 | 16R0 | 160Ω | 161 | 160R | 1.6kΩ | 162 | 1601 | 16kΩ | 163 | 1602 | 160kΩ | 164 | 1603 | 1.6MΩ | 165 | 1604 |
| 1.8 | 1.8Ω | 1R8 | 1R80 | 18Ω | 180 | 18R0 | 180Ω | 181 | 180R | 1.8kΩ | 182 | 1801 | 18kΩ | 183 | 1802 | 180kΩ | 184 | 1803 | 1.8MΩ | 185 | 1804 |
| 2 | 2.0Ω | 2R0 | 2R00 | 20Ω | 200 | 20R0 | 200Ω | 201 | 200R | 2.0kΩ | 202 | 2001 | 20kΩ | 203 | 2002 | 200kΩ | 204 | 2003 | 2.0MΩ | 205 | 2004 |
| 2.2 | 2.2Ω | 2R2 | 2R20 | 22Ω | 220 | 22R0 | 220Ω | 221 | 220R | 2.2kΩ | 222 | 2201 | 22kΩ | 223 | 2202 | 220kΩ | 224 | 2203 | 2.2MΩ | 225 | 2204 |
| 2.4 | 2.4Ω | 2R4 | 2R40 | 24Ω | 240 | 24R0 | 240Ω | 241 | 240R | 2.4kΩ | 242 | 2401 | 24kΩ | 243 | 2402 | 240kΩ | 244 | 2403 | 2.4MΩ | 245 | 2404 |
| 2.7 | 2.7Ω | 2R7 | 2R70 | 27Ω | 270 | 27R0 | 270Ω | 271 | 270R | 2.7kΩ | 272 | 2701 | 27kΩ | 273 | 2702 | 270kΩ | 274 | 2703 | 2.7MΩ | 275 | 2704 |
| 3 | 3.0Ω | 3R0 | 3R00 | 30Ω | 300 | 30R0 | 300Ω | 301 | 300R | 3.0kΩ | 302 | 3001 | 30kΩ | 303 | 3002 | 300kΩ | 304 | 3003 | 3.0MΩ | 305 | 3004 |
| 3.3 | 3.3Ω | 3R3 | 3R30 | 33Ω | 330 | 33R0 | 330Ω | 331 | 330R | 3.3kΩ | 332 | 3301 | 33kΩ | 333 | 3302 | 330kΩ | 334 | 3303 | 3.3MΩ | 335 | 3304 |
| 3.6 | 3.6Ω | 3R6 | 3R60 | 36Ω | 360 | 36R0 | 360Ω | 361 | 360R | 3.6kΩ | 362 | 3601 | 36kΩ | 363 | 3602 | 360kΩ | 364 | 3603 | 3.6MΩ | 365 | 3604 |
| 3.9 | 3.9Ω | 3R9 | 3R90 | 39Ω | 390 | 39R0 | 390Ω | 391 | 390R | 3.9kΩ | 392 | 3901 | 39kΩ | 393 | 3902 | 390kΩ | 394 | 3903 | 3.9MΩ | 395 | 3904 |
| 4.3 | 4.3Ω | 4R3 | 4R30 | 43Ω | 430 | 43R0 | 430Ω | 431 | 430R | 4.3kΩ | 432 | 4301 | 43kΩ | 433 | 4302 | 430kΩ | 434 | 4303 | 4.3MΩ | 435 | 4304 |
| 4.7 | 4.7Ω | 4R7 | 4R70 | 47Ω | 470 | 47R0 | 470Ω | 471 | 470R | 4.7kΩ | 472 | 4701 | 47kΩ | 473 | 4702 | 470kΩ | 474 | 4703 | 4.7MΩ | 475 | 4704 |
| 5.1 | 5.1Ω | 5R1 | 5R10 | 51Ω | 510 | 51R0 | 510Ω | 511 | 510R | 5.1kΩ | 512 | 5101 | 51kΩ | 513 | 5102 | 510kΩ | 514 | 5103 | 5.1MΩ | 515 | 5104 |
| 5.6 | 5.6Ω | 5R6 | 5R60 | 56Ω | 560 | 56R0 | 560Ω | 561 | 560R | 5.6kΩ | 562 | 5601 | 56kΩ | 563 | 5602 | 560kΩ | 564 | 5603 | 5.6MΩ | 565 | 5604 |
| 6.2 | 6.2Ω | 6R2 | 6R20 | 62Ω | 620 | 62R0 | 620Ω | 621 | 620R | 6.2kΩ | 622 | 6201 | 62kΩ | 623 | 6202 | 620kΩ | 624 | 6203 | 6.2MΩ | 625 | 6204 |

续表

| E-24 | 1～10Ω | | | 10～100Ω | | | 100～1kΩ | | | 1～10kΩ | | | 10～100kΩ | | | 100kΩ～1MΩ | | | 1～10MΩ | | |
|---|---|---|---|---|---|---|---|---|---|---|---|---|---|---|---|---|---|---|---|---|---|
| 标准值 | 阻值 | 3位标注 | 4位标注 | 阻值 | 3位标注 | 4位标注 | 阻值 | 3位标注 | 4位标注 | 阻值 | 3位标注 | 4位标注 | 阻值 | 3位标注 | 4位标注 | 阻值 | 3位标注 | 4位标注 | 阻值 | 3位标注 | 4位标注 |
| 6.8 | 6.8Ω | 6R8 | 6R80 | 68Ω | 680 | 68R0 | 680Ω | 681 | 680R | 6.8kΩ | 682 | 6801 | 68kΩ | 683 | 6802 | 680kΩ | 684 | 6803 | 6.8MΩ | 685 | 6804 |
| 7.5 | 7.5Ω | 7R5 | 7R50 | 75Ω | 750 | 75R0 | 750Ω | 751 | 750R | 7.5kΩ | 752 | 7501 | 75kΩ | 753 | 7502 | 750kΩ | 754 | 7503 | 7.5MΩ | 755 | 7504 |
| 8.2 | 8.2Ω | 8R2 | 8R20 | 82Ω | 820 | 82R0 | 820Ω | 821 | 820R | 8.2kΩ | 822 | 8201 | 82kΩ | 823 | 8202 | 820kΩ | 824 | 8203 | 8.2MΩ | 825 | 8204 |
| 9.1 | 9.1Ω | 9R1 | 9R10 | 91Ω | 910 | 91R0 | 910Ω | 911 | 910R | 9.1kΩ | 912 | 9101 | 91kΩ | 913 | 9102 | 910kΩ | 914 | 9103 | 9.1MΩ | 915 | 9104 |

贴片电阻表面上用 3 位数字来标注其阻值，其中第一位和第二位为有效数字，第三位表示在有效数字后加的“0”个数。小数点用“R”来表示，并占用一位有效数字位。

**3. 允许误差**

贴片电阻（碳膜电阻）的允许误差有 4 级，即 F 级（1%）、G 级（2%）、J 级（5%）和 K 级（10%）。

**4. 温度系数**

贴片电阻的温度系数有 2 级，即 W 级（±200ppm/℃）和 X 级（±100ppm/℃）。只有允许误差为 F 级的贴片电阻才采用 X 级温度系数，其他级允许误差的贴片电阻的温度系数一般为 W 级。

**5. 包装**

贴片电阻的包装主要有散装及带状卷装两种。

贴片电阻的工作温度范围为-55～125℃，最大工作电压与尺寸有关：0201 的最大工作电压最低，0402 及 0603 的最大工作电压为 50V，0805 的最大工作电压为 150V，其他尺寸的贴片电阻的最大工作电压为 200V。

#### 1.4.2.2　电阻单位换算

电阻单位：兆欧（MΩ）、千欧（kΩ）、欧（Ω）、毫欧（mΩ）、微欧（μΩ）。

各单位之间的换算关系：$1\text{M}\Omega = 10^3\text{k}\Omega = 10^6\Omega = 10^9\text{m}\Omega = 10^{12}\mu\Omega$。

#### 1.4.2.3　贴片电阻的标称法

贴片电阻的标称法之一是数字索位标称法（矩形片状电阻一般采用这种标称法）。数字索位标称法是指在电阻表面上用 3 位数字来标注其阻值，其中第一位和第二位为有效数字，第三位表示在有效数字后加的“0”个数，这一位上不会出现字母。例如，“472”表示 4700Ω，“151”表示 150Ω。小数点用“R”来表示，并占用一位有效数字位，其余两位是有效数字。例如，“2R4”表示 2.4Ω，“R15”表示 0.15Ω。如图 1.37 所示，贴片电阻上丝印值为 750，表示阻值为 75Ω。

图 1.37　数字索位标称法示例

4 个数字的标称法是，前三位为实数，第四位为倍数，用“R”表示小数点。如图 1.38 所示，其中“5102”表示 $510\times10^2$=51000Ω=51kΩ，“R050”表示 0.05Ω。

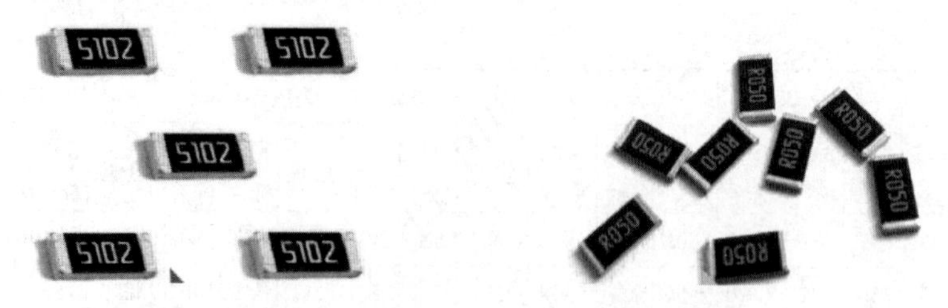


图 1.38　贴片电阻 4 个数字的标称法示例

## 1.4.3　色环电阻的识别

色环电阻是指在电阻封装，即电阻表面涂上一定颜色的色环，用色环来代表这个电阻的阻值。色环实际上是早期为了帮助人们分辨不同阻值而设定的标准。现在色环电阻的应用依旧很广泛，如家用电器、电子仪表、电子设备等中常常可以见到色环电阻。但由于色环电阻比较大，因此其不满足现代高度集成的性能要求。图 1.39 所示为色环电阻。

普通色环电阻大多用四个色环表示其阻值和允许误差。第一环、第二环表示有效数字，第三环表示倍率（乘数），与前三环距离较大的第四环表示允许误差。

在图 1.40 中，四环型电阻的色环颜色分别为蓝、红、橙、银，对照色环表可以知道它的阻值为 62×100=62000Ω=62kΩ，银色代表允许误差为±10%；五环型电阻的色环颜色分别为红、绿、橙、银、棕，对照色环表可以知道它的阻值为 253×0.01=2.53Ω，棕色代表允许误差为±1%。

图 1.39　色环电阻

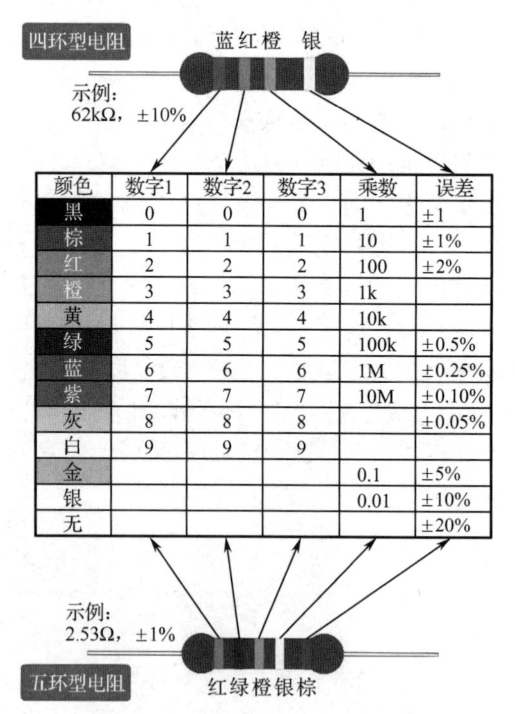


| 颜色 | 数字1 | 数字2 | 数字3 | 乘数 | 误差 |
|---|---|---|---|---|---|
| 黑 | 0 | 0 | 0 | 1 | ±1 |
| 棕 | 1 | 1 | 1 | 10 | ±1% |
| 红 | 2 | 2 | 2 | 100 | ±2% |
| 橙 | 3 | 3 | 3 | 1k | |
| 黄 | 4 | 4 | 4 | 10k | |
| 绿 | 5 | 5 | 5 | 100k | ±0.5% |
| 蓝 | 6 | 6 | 6 | 1M | ±0.25% |
| 紫 | 7 | 7 | 7 | 10M | ±0.10% |
| 灰 | 8 | 8 | 8 | | ±0.05% |
| 白 | 9 | 9 | 9 | | |
| 金 | | | | 0.1 | ±5% |
| 银 | | | | 0.01 | ±10% |
| 无 | | | | | ±20% |

图 1.40　色环电阻阻值读取示例

## 1.4.4　贴片电容的识别

贴片电容根据构造和性能不同可分为贴片钽电容、贴片瓷片电容、贴片电解电容等多种类型。
电容单位：法（F）、毫法（mF）、微法（μF）、纳法（nF）、皮法（pF）。
各单位之间的换算关系：$1F = 10^3mF = 10^6 μF = 10^9nF = 10^{12}pF$。

### 1. 贴片钽电容

贴片钽电容是有极性的电容，图 1.41 中标注了电容值为 6.8μF 和耐压值为 25V。

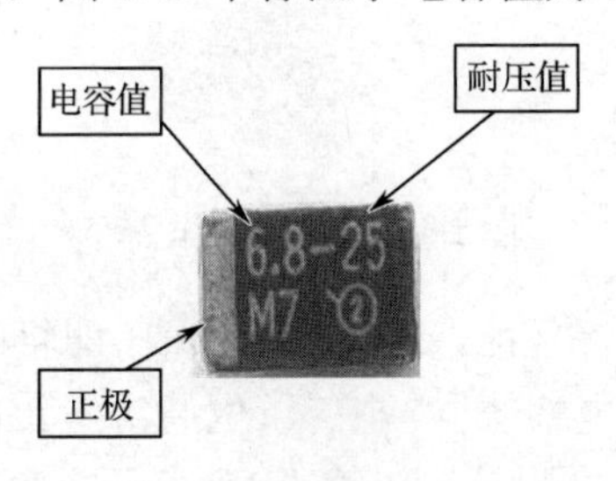


图 1.41　贴片钽电容

### 2. 贴片瓷片电容

贴片瓷片电容的特点是体积小、无极性、无丝印，基本单位是 pF，如图 1.42 所示。

图 1.42　贴片瓷片电容

### 3. 贴片电解电容

贴片电解电容的丝印面上印有电容值、耐压值和极性标识，基本单位为 μF，如图 1.43 所示。

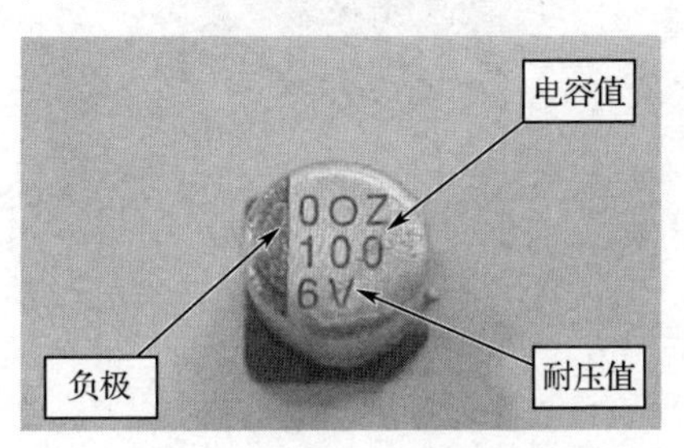


图 1.43　贴片电解电容

## 1.4.5　贴片电感的识别

贴片电感主要有 4 种类型，即贴片绕线电感、贴片叠层电感、编织型贴片电感和薄膜片式电感，其中常用的是贴片绕线电感和贴片叠层电感。前者是传统绕线电感小型化的产物；后者采用多层印刷技术和叠层生产工艺制作，体积比贴片绕线电感还要小，是电感元件领域重点开发的产品。

贴片叠层电感外观上与贴片电容的区别很小，区分的方法是，贴片电容有多种颜色，如褐色、灰色、紫色等，而贴片叠层电感只有黑色一种颜色，如图 1.44 所示。

图 1.44　贴片叠层电感

贴片电感一般采用数字字母符号标识法标注电感值，即将电感的标称值与允许误差用数字和字母按一定的规律组合标注在电感体上。电感单位通常为 nH 或 μH，当用 μH 做单位时，“R”表示小数点；当用 nH 做单位时，用“n”代替“R”表示小数点。

电感单位：亨（H）、毫亨（mH）、微亨（μH）、纳亨（nH）、皮亨（pH）。

各单位之间的换算关系：$1H = 10^3mH = 10^6\mu H = 10^9nH = 10^{12}pH$。

例如，6N8 表示电感值为 6.8nH，6R8 表示电感值为 6.8μH。又如，47N 表示电感值为 47nH，当采用这种标识法时，通常后缀一个英文字母表示允许误差，各字母代表的允许误差与直标法相同，如“680K”表示电感值为 $68\times10^0$=68μH，K 表示允许误差为±10%；101M 表示电感值为 $10\times10^1$=100μH，M 表示允许误差为±20%。

如图 1.45 所示，贴片绕线电感上丝印值为 100，表示电感值为 $10\times10^0=10\times1=10\mu H$。

图 1.45　贴片绕线电感

## 1.4.6　二极管的识别

二极管主要可以从以下几个方面进行分类。

（1）按照封装材料可以分为玻璃二极管、塑封二极管等。

（2）按照半导体材料可以分为锗二极管、硅二极管。

（3）按照功能可以分为开关二极管、整流二极管、LED 等。

不同的半导体材料特性不同，一般开关二极管采用锗二极管，整流二极管、LED 多采用硅二极管，一般锗二极管采用玻璃封装，硅二极管采用塑封。

二极管有极性之分，一般二极管的负极用白色、红色或黑色色环标识，LED 一般通过引脚长度不同来区分极性，较短的引脚为负极。

二极管的极性标识如图 1.46 所示。

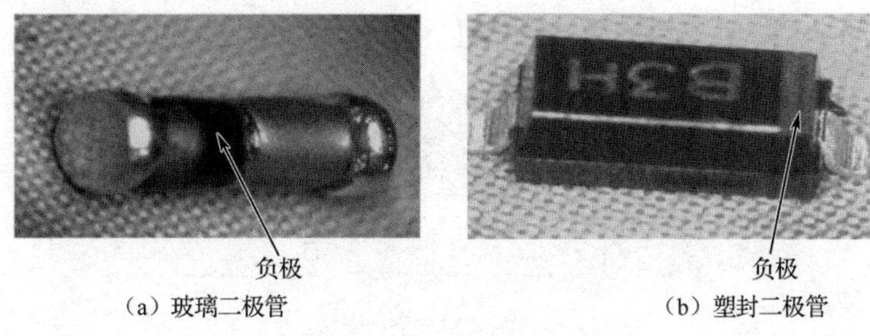


（a）玻璃二极管　（b）塑封二极管

图 1.46　二极管的极性标识

## 1.4.7　三极管的识别

三极管按照加工工艺可以分为 NPN 型三极管、PNP 型三极管和 MOS 管。贴片三极管的实物图与引脚排列如图 1.47 所示。

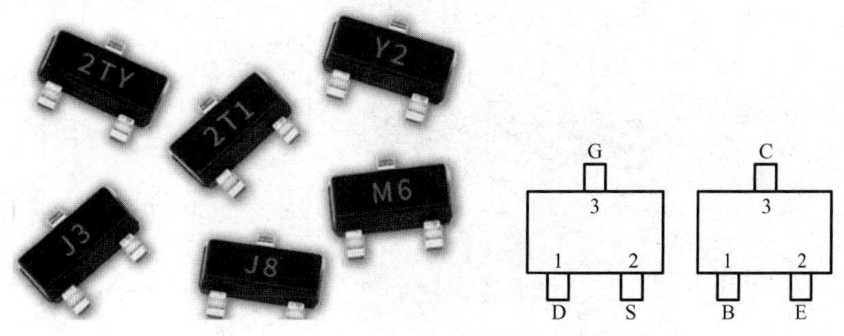


图 1.47　贴片三极管的实物图与引脚排列

## 1.4.8　集成电路的识别

集成电路主要按照封装形式进行分类，基本可分为 SOJ 集成电路、PLCC 封装集成电路、QFP 集成电路、BGA 封装集成电路、DIP 集成电路等。

### 1. SOJ 集成电路的识别

SOJ 是一种非常常见的表面贴装型封装，引脚从封装两侧引出，呈海鸥翼状，如图 1.48 所示，其封装材料有塑料和陶瓷两种。

图 1.48　SOJ

SOJ 集成电路的丝印面上有型号、方向指示缺口、1 脚指示标识，引脚从 1 脚开始按照逆时针方向排列，如图 1.49 所示。

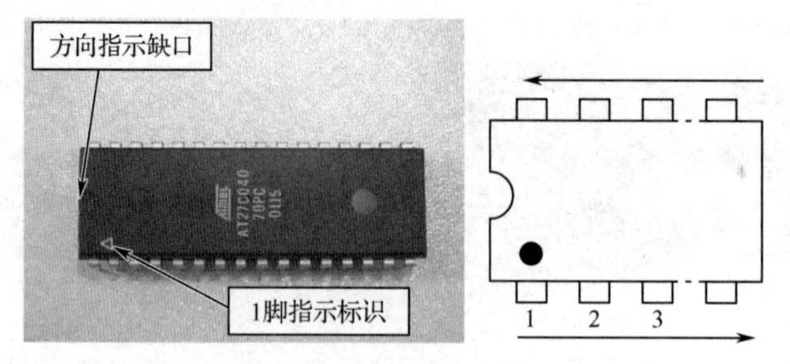


图 1.49　SOJ 集成电路

### 2. PLCC 封装集成电路的识别

PLCC 封装集成电路如图 1.50 所示，其引脚的识别基于集成电路脚位的统一标准：将集成电路的方向指示缺口朝左，找到 1 脚指示标识（如图 1.50 中的黑点），从 1 脚开始按照逆时针方向数引脚。有部分厂家生产的集成电路不用方向指示缺口来指示方向，而用一条丝印来指示方向，引脚的识别方法和上述方法一样。

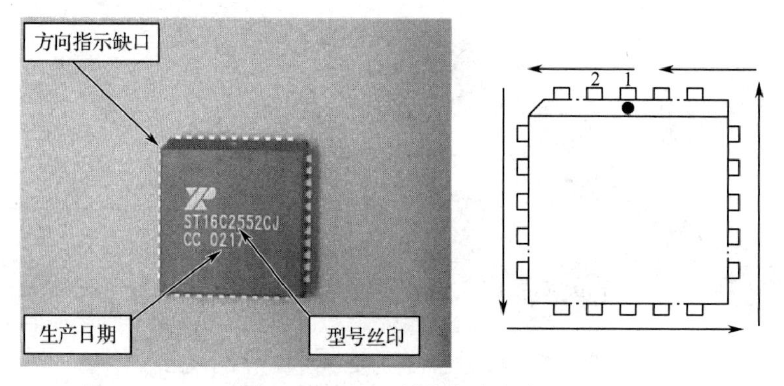


图 1.50　PLCC 封装集成电路

### 3. QFP 集成电路的识别

在集成电路的集成量和功能增加的同时，其引脚不断增多，但集成电路的体积却不能增大太多，为了解决这个矛盾设计出四边都有引脚的 QFP 集成电路。

QFP 集成电路引脚的识别方法：将方向指示标识朝左并靠近自己，正对自己的一排引脚左边第一个为 1 脚，按逆时针方向依次为 2～*N* 脚，如图 1.51 所示。

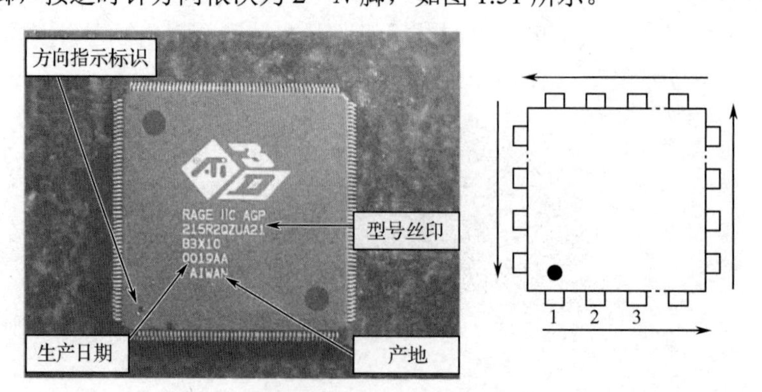


图 1.51　QFP 集成电路

#### 4. BGA 封装集成电路的识别

随着技术的更新，集成电路的集成度不断提高，功能强大的集成电路不断被设计出来，引脚的不断增多导致 QFP 形式已不能满足需求，因此 BGA 封装形式被设计出来，它充分利用集成电路与 PCB 的接触面积，利用集成电路的底面和垂直焊接方式，从而解决了引脚不断增多带来的问题。BGA 封装集成电路如图 1.52 所示。

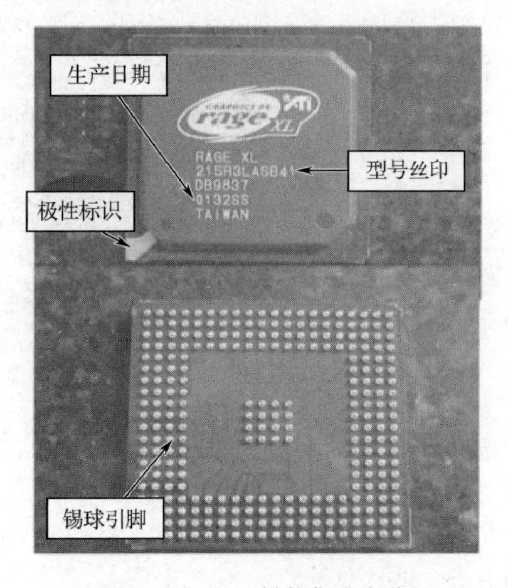


图 1.52　BGA 封装集成电路

BGA 封装集成电路引脚的识别比较复杂，对于维修人员来讲是一项比较重要的内容，如果不知道怎样识别其引脚，就不能测量出故障点。

图 1.53 所示为 BGA 封装集成电路的焊盘，由于引脚呈阵列形式排列，所以它是按照字母和数字组合的方式来表达脚位的。注意左下角的三角形标志，它就是识别引脚的标志点。从这个标志点开始，向右的一排为 A、B、C、D、E、F 等依次排列，但字母中没有 I、O、Q、S、X、Z（如果排到了 I，就把 I 去掉，用 J 来顺延，其他字母同理）。如果字母排到 Y 还没有排完，那么可以延位为 AA、AB、AC 等，依次类推。从这个标志点开始，向上的一列为 1、2、3、4、5、6 等依次排列。因此，BGA 封装集成电路的引脚用阵列形式表达，即 A1、A2、A3……，B1、B2、B3……，C1、C2、C3……。

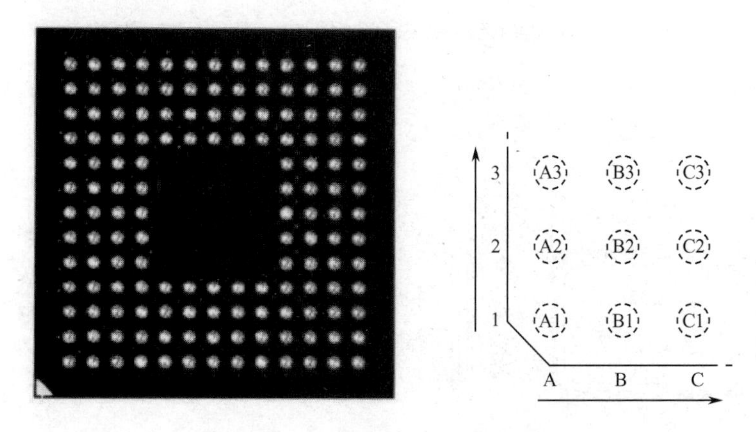


图 1.53　BGA 封装集成电路的焊盘

### 1.4.9　晶振的识别

晶振是一种通过一定的电压激励产生固定频率的器件，广泛应用于家用电器、仪器、仪表和计算机。晶振可分为无源晶振和有源晶振。无源晶振一般只有两个引脚。有源晶振一般有 4 个引脚，在插接时对相应脚位有严格的要求，如果插反方向，则会使晶振损坏。贴片晶振的振膜很薄，要轻拿轻放。无源贴片晶振和有源贴片晶振分别如图 1.54、图 1.55 所示。

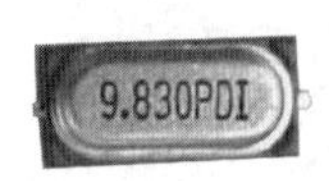


图 1.54　无源贴片晶振

图 1.55　有源贴片晶振

晶振分为无源晶振和有源晶振两大类。在一般情况下，晶振脚位区分指的是针对有源晶振脚位的区分，因为无源晶振没有方向性，所以也就没有区分脚位的必要性。

有源晶振内置了 IC 振荡电路，提供电源就可以输出稳定的频率，避免了无源晶振与外接电容的匹配问题，但价格相对高一些。

有源晶振具有以下外观特征。

（1）由于内置了 IC 振荡电路，因此同频率、同封装的有源晶振要比无源晶振厚一些。

（2）在一般情况下，有源晶振会专门标注空脚位，即在丝印面左下角标注一个圆点，指明这是空脚位。空脚是针对有源晶振焊接时的定位脚。

（3）通过有源晶振底部的焊盘，同样可以找到空脚位，代表空脚位的焊盘特征是有明显“缺角”。有源晶振空脚位标识如图 1.56 所示。

图 1.56　有源晶振空脚位标识

如图 1.57 所示，有源晶振 4 个引脚的定义为，有圆点标识的为 1 脚，按逆时针顺序（引脚向下）依次为 2 脚、3 脚、4 脚。通常的用法：1 脚悬空，2 脚接地，3 脚接输出端，4 脚接电压源。

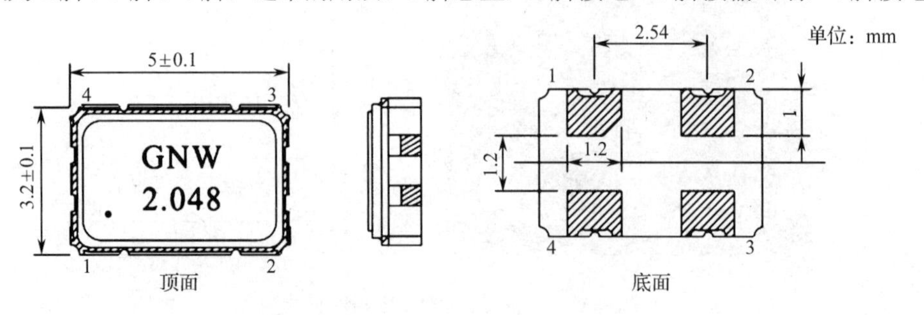


图 1.57　有源晶振引脚标识

图 1.58 所示为插件方形振荡器（PXO DIP8）引脚分布，其中 1 脚为 N/C（空脚），4 脚为 GND（接地），5 脚为 Output（频率输出），8 脚为 VCC（电压输入）。

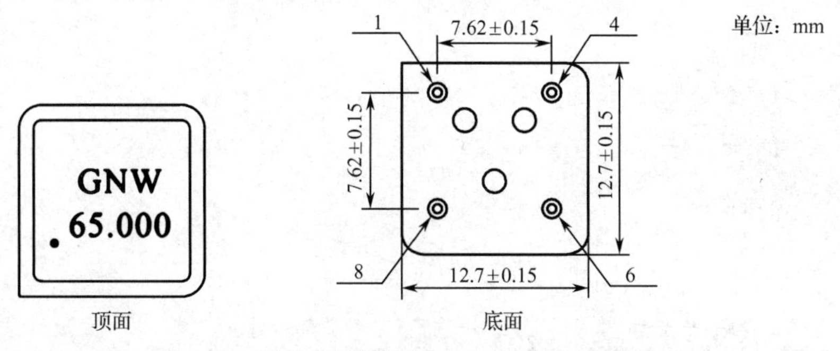


图 1.58　插件方形振荡器（PXO DIP8）引脚分布

## 1.4.10　光电耦合器的识别

光电耦合器是一种以光为媒介传输电信号的电—光—电转换器件，通常把发光源（LED）与受光器（光敏二极管、光敏三极管等）封装在同一管壳内。当输入端加电信号时，发光源发出光线，受光器接收光线之后产生光电流，光电流从输出端流出，从而实现电—光—电转换。光电耦合器具有体积小、寿命长、无触点、抗干扰能力强、输出和输入之间绝缘、单向传输信号等优点，在数字电路中获得了广泛的应用。

光电耦合器主要有贴片光电耦合器、直插光电耦合器。光电耦合器及其引脚如图 1.59 所示。光电耦合器与集成电路的区别主要在于集成电路一般有 8 个及以上引脚，而光电耦合器一般有 4～6 个引脚。

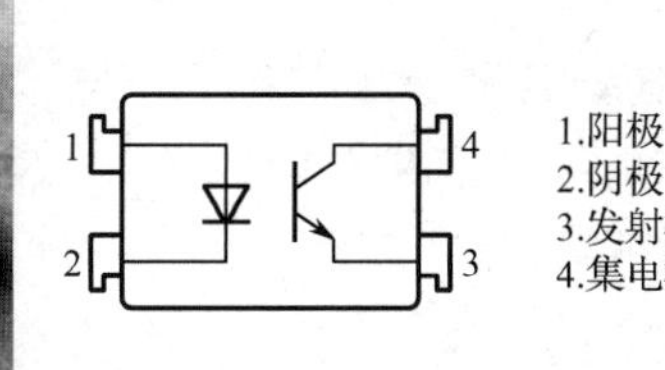


图 1.59　光电耦合器及其引脚

## 1.4.11　插座的识别

插座在电子仪器、设备、家用电器等电子产品中得到广泛应用，起到连接作用。它使电子产品模块化，便于更新、维修。

插座的方向用一些特殊的符号标识或以元器件的缺口标识。以 DIP 集成电路插座为例，如图 1.60 所示，插座上的缺口表示方向和起始脚位。

图 1.60　DIP 集成电路插座

# 第2章 维修工具的使用

## 知识目标

1. 熟悉常用维修工具的基本功能。
2. 掌握常用维修工具的使用方法。
3. 熟悉常用维修工具的使用注意事项。

## 能力目标

1. 能正确使用常用维修工具。
2. 能正确调节常用维修工具。
3. 能区分常用维修工具。

## 素质目标

1. 坚持科技是第一生产力、人才是第一资源、创新是第一动力的理念。
2. 培养耐心仔细、认真负责的职业素养。
3. 增强使命感和责任感，树立正确的职业观。

# 2.1 数字式万用表

## 2.1.1 数字式万用表的特点与功能

数字式万用表是最常用的仪表之一，其外观、结构与指针式万用表有一定的差异。数字式万用表的显著特点是通过液晶显示屏以数值的形式直接显示测量结果。数字式万用表与指针式万用表相比更加灵敏、准确，凭借更强的过载力、更简单的操作和直观的读数得到广泛应用。

典型的数字式万用表的功能很多，可以实现对电阻、直流电压、交流电压、直流电流、交流电流、电容及三极管的放大倍数等的测量。

## 2.1.2 数字式万用表的面板和表笔

数字式万用表的认知

### 1. 数字式万用表的面板

数字式万用表的面板从上到下可以划分为 4 部分，即液晶显示区、功能按键区、挡位量程区和表笔测量输入区，具体包括液晶显示屏、挡位开关、功能按键、插孔等，如图 2.1 所示。

图 2.1 数字式万用表的面板

（1）液晶显示区。

液晶显示区主要为液晶显示屏，用于显示选择的挡位模式，以及测量结果，使读取数据直观方便，不同的数字式万用表能显示的数字位数不同。

（2）功能按键区。

① SELECT 键为功能切换键，作用是对多功能挡位内细分的菜单进行选择。在数字式万用表待机的状态下，SELECT 键可以充当开机键。关闭数字式万用表的电源，可以通过 OFF 挡位实现。在不使用数字式万用表时应该及时关闭其电源，以延长表内电池的使用寿命。

② HOLD/☼键为数据保持和夜间模式复合键。短按 HOLD/☼键可将所需留存的数据保留

在液晶显示屏上显示，以供记录或对比使用。长按 HOLD/☼键可调到夜间模式，液晶显示屏会暂时亮起，方便维修人员夜间作业。

③ MAX/MIN 键为最大/最小值切换键，多用于监测一些过程变量的电气参数值，如测试热电偶过程中所产生的电动势，以及校正霍尔电流互感器等。MAX/MIN 键对于调试电气设备极具帮助作用。

（3）挡位量程区。

挡位开关的作用是根据不同的测量需要，选择数字式万用表的不同测量挡位，以实现不同的测量功能。挡位开关的周围会用数字标示出功能区及量程。数字式万用表的测量功能比较多，主要有电阻测量、交直流电压测量、电容测量、交直流电流测量、三极管的放大倍数测量等。每个功能下又分出不同量程，以适应被测量对象的性质与大小。

其中，“V~”表示测量交流电压的挡位，“V⎓”表示测量直流电压的挡位，“A~”表示测量交流电流的挡位，“A⎓”表示测量直流电流的挡位，“Ω”表示测量电阻的挡位，“hFE”表示测量三极管的放大倍数的挡位，“⊣▷|—”表示测量二极管的极性的挡位，“•))”表示测量导体的通断或小电阻阻值的挡位。

（4）表笔测量输入区。

数字式万用表一般均有以下 4 个插孔。

（1）COM 插孔：公共插孔，插黑表笔，无论选择哪个测量挡位，均不需要调整黑表笔的位置。

（2）组合插孔：插红表笔，是使用最多的插孔，可以测量电压、电阻、频率、二极管的极性、电容，以及电路的通断。

（3）mA/μA 插孔：小电流测量时红表笔的插孔，最大量程一般为几百毫安，若超出最大量程，则数字式万用表的熔断器将断开，具体量程依据数字式万用表的型号不同而不同。此插孔的测量精度相对来说比较高。

（4）20A 插孔：大电流测量时红表笔的插孔，最大量程为 20A，测量时间不能超过 15s。

**2. 数字式万用表的表笔**

数字式万用表的表笔有红、黑两支，如图 2.2 所示。其中，黑表笔为公共表笔，固定插到 COM 插孔中，一般用于接地测量。红表笔为测量表笔，根据不同的测量需要，插到不同的插孔中。同时使用红、黑表笔才能完成不同的测量任务。

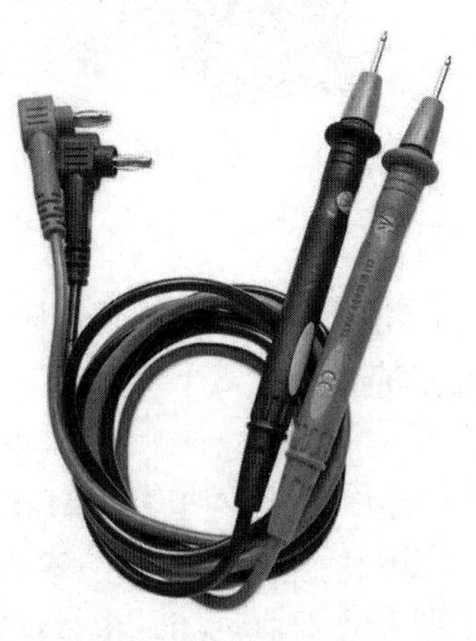

图 2.2　数字式万用表的表笔

使用数字式万用表进行测量需要用表笔进行连接，严禁用手触碰表笔的金属部分，这样不仅会影响测量结果，还可能造成触电事故。

### 2.1.3　数字式万用表的使用注意事项

由于数字式万用表属于多功能精密电子测量仪表，因此应注意妥善保管，使用时要正确操作并注意安全。

（1）在使用之前，应仔细阅读数字式万用表的说明书，熟悉开机键、挡位开关、功能按键（如 SELECT 键、HOLD/☼键、MAX/MIN 键等）、输入插孔及专用插孔、仪表附件（如测温探头、高压探头、高频探头等）的作用。

（2）在测量高电压时要注意安全，当被测电压为几百伏时应选择单手操作测量，即先将黑表笔固定在被测电路的公共端，再用一只手持红表笔去接触测试点。

（3）当被测电压在 1000V 以上时，必须使用高压探头（高压探头分为直流和交流两种类型）。普通表笔及引线的绝缘性能较差，不能承受 1000V 以上的电压。

（4）禁止在测量高电压（1000V 以上）或大电流（0.5A 以上）时拨动挡位开关，以免产生电弧将挡位开关的触点烧毁。

（5）在测量交流电压时，最好用黑表笔接触被测电压的零线端，以消除仪表输入端对地分布电容的影响，减小测量误差。注意，人体不要触及交流 220V 或 380V 电源，以免触电。

（6）要注意数字式万用表的极限参数。掌握出现过载显示、极性显示、低电压显示及其他声光报警的特征。例如，在测量过程中，如果液晶显示屏的最高位显示数字“1”，而其他位消隐，则说明当前数字式万用表已过载，应及时选择更高的量程再测量。

（7）在刚开始测量时，数字式万用表可能会出现跳数现象，应等到液晶显示屏上显示的数值稳定后再读数。

（8）在使用数字式万用表时最好采用红表笔接正极、黑表笔接负极的连接方法。在测量直流电压时，数字式万用表与被测电路并联；在测量直流电流时，数字式万用表与被测电路串联。由于数字式万用表具有自动转换并显示极性的功能，因此在测量直流电压时可以不考虑表笔的连接方法。但是当被测电流源内阻很小时，应尽量选择较大的电流量程，以减小分流电阻上的压降，提高测量的准确度。

（9）在测量电阻、检测二极管和检查线路通断时，红表笔应插入组合插孔。此时，红表笔带正电。黑表笔插入 COM 插孔，带负电。这与指针式万用表的电阻挡正好相反。因此，在检测二极管、LED、三极管、电解电容、稳压管等有极性的元器件时，必须注意表笔的极性。

### 2.1.4　测量电阻

当在 PCB 上测量电阻时，应先将 PCB 的电源断开。测量时需要注意，由于在测量时可能会受到外围元器件并联的影响，所以测得的阻值可能会偏小。若无法判断电阻的好坏，则应将其拆下测量。

首先，打开数字式万用表的电源开关，并把挡位开关切换到“Ω”挡的某个量程。其次，把红表笔插入组合插孔，黑表笔插入 COM 插孔。最后，把待测电阻拿出来，将两支表笔分别接电阻两端的引脚。这时要看数字式万用表的液晶显示屏上显示的数字，如果一直显示“1.”，则说明待测电阻的阻值超过了初始设置的“Ω”挡的量程，此时要把“Ω”挡的量程往更大的方向调整，直到能正常显示阻值为止；如果一直显示“0.000”，则说明初始设置的“Ω”挡的量程大大超过了待测电阻的阻值，此时要把“Ω”挡的量程往更小的方向调整，直到能正常显示阻值为止。如果数字式万用表只有一个“Ω”挡，则说明该数字式万用表可以自己适应量程，如图 2.3 所示。

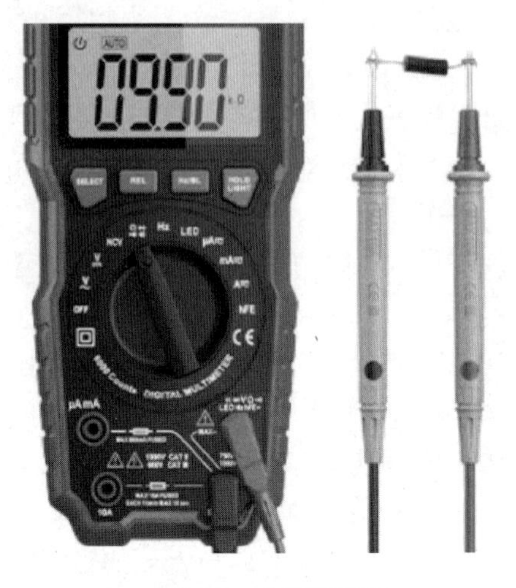

图 2.3　电阻的测量

数字式万用表蜂鸣挡的使用

## 2.1.5　测量导体通断

为了测量导体通断，需要把红表笔插入组合插孔，黑表笔插入 COM 插孔，并将挡位开关调到蜂鸣挡。测量前必须对被测设备断电，同时将红、黑表笔碰一下，如果有蜂鸣声，则说明这个挡位正常，如图 2.4 所示。接着将测试表笔连接到被测设备的两端，若听到蜂鸣声且液晶显示屏上显示“0”，则表明被测设备是连通的，反之则表明被测设备是断开的或接入了大阻值元器件。

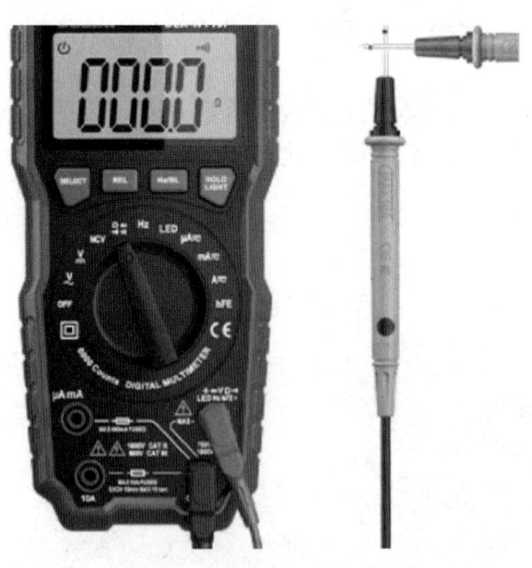

图 2.4　导体通断测量前的自测

在维修电子电路时，有时需要测量电路的通断，如熔断器、PCB上铜箔走线的通断，以及集成电路与其外围元器件之间的连接关系，这需要用数字式万用表的蜂鸣挡测量。尤其是在不熟悉且集成度很高的 PCB 中，在测量各个元器件之间的连接关系时，使用数字式万用表是十分方便的。

## 2.1.6　测量直流电压

数字式万用表直流电压挡的使用

数字式万用表与指针式万用表相同，都具有伏特计的功能，可以用来测量直流电压，其直流电压挡一般有200mV、2V、20V、200V及1000V等挡位，可用来测量1000V以下的直流电压。

首先，打开数字式万用表的电源开关，把红表笔插入组合插孔，黑表笔插入COM插孔，估计被测直流电压的大小，把挡位开关切换到“V⎓”挡合适的量程，当被测直流电压约等于量程的70%时，测量效果最好，如果估计不出被测直流电压的大小，则可从最大量程试起逐渐减小量程。其次，将红、黑表笔分别接待测电源的正极和负极，其中红表笔接正极，黑表笔接负极。最后，可从数字式万用表的液晶显示屏上得到直流电压的读数。如果数字式万用表只有一个“V⎓”挡，则说明该数字式万用表可以自己适应量程，如图2.5所示。

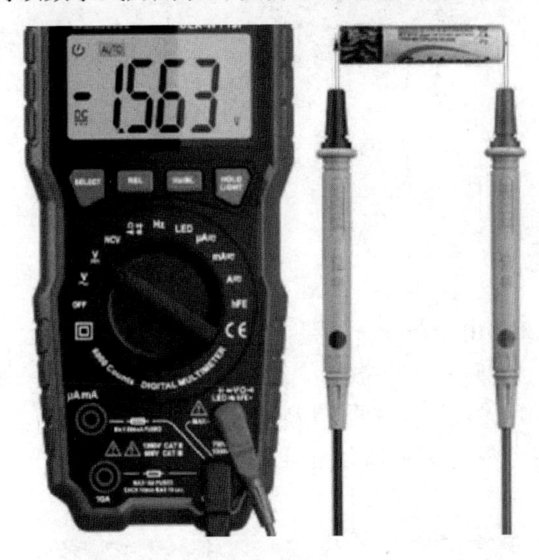


图2.5　直流电压的测量

为了测量摄像机的直流 12V 电源电压或负载电压，选择高于被测直流电压估计值的量程（如20V），或者从最大量程试起逐渐减小量程，将测试表笔连接到待测电源（测量开路电压，即电源电压）或负载（测量负载电压）两端，即可测量直流电压，同时红表笔所接端的电压极性会显示在液晶显示屏上。如果液晶显示屏上显示“1.”，则表明所测直流电压超出量程，应选择更大量程。

## 2.1.7　测量二极管通断

数字式万用表通常都带有“—▷|—”挡，可根据二极管的单向导电性测量二极管的极性与好坏。要注意在测量前必须先将主板电源切断。在使用数字式万用表测量二极管通断时，可将挡位开关调到“—▷|—”挡，将红表笔接二极管的 P 极，黑表笔接二极管的 N 极，二极管正向导

通，导通压降一般为0.2～1V，不同性能的二极管正向压降电压不同。反过来，将黑表笔接二极管的P极，红表笔接二极管的N极，液晶显示屏上一般会显示测量数值“1.”，代表二极管反向截止，性能正常。若无论是正向测量还是反向测量，显示结果都为“0”，则代表二极管被击穿短路。若无论是正向测量还是反向测量，显示结果都为“1.”，则代表二极管断路。二极管通断的测量如图2.6所示。

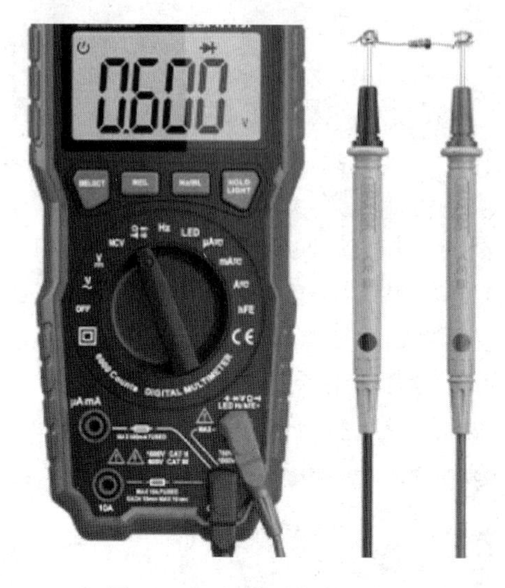


图2.6　二极管通断的测量

数字式万用表交流电压挡的使用

## 2.1.8　测量交流电压

为了测量市电交流220V电源电压，需要把红表笔插入组合插孔，黑表笔插入COM插孔，将挡位开关调到“A⎓”挡，选择大于被测交流电压估计值的量程（如600V），或者从最大量程试起逐渐减小量程，将测试表笔连接到待测电源（测量开路电压，即电源电压）或负载（测量负载电压）两端，即可测量交流电压。要注意交流电压测量值没有正、负之分。交流电压的测量如图2.7所示。

图2.7　交流电压的测量

# 2.2 示波器

## 2.2.1 示波器的功能与分类

### 1. 示波器的功能

示波器是一种用来观测信号波形及相关参数的电子仪器，它可以直接测量和显示信号波形的形状、幅度和周期，因此一切可以转换为电信号的电学参量或物理量都可以通过转换为等效的信号波形来观测，如电流、电功率、阻抗、温度、压力、磁场等，以及它们随时间变化的过程都可用示波器来观测。

示波器可以将电路中的电压波形、电流波形等在显示屏上直接显示出来，根据所显示波形的形状、幅度、周期等判断所检测的电路是否有故障。如果信号波形正常，则表明电路正常；如果信号的频率、相位出现失真，则表明电路不正常。用示波器观测各种交流信号、数字脉冲信号及直流信号，维修效率高，易找到故障点。

示波器常用于电子产品的生产调试和维修领域，一般可通过观察示波器显示屏上显示的信号波形来判断电路性能是否符合出厂要求，或者在检修过程中判断电路是否正常等。

### 2. 示波器的分类

示波器根据内部结构和显示特点主要可以分为模拟示波器和数字示波器两种，其实物外形图如图 2.8 所示。

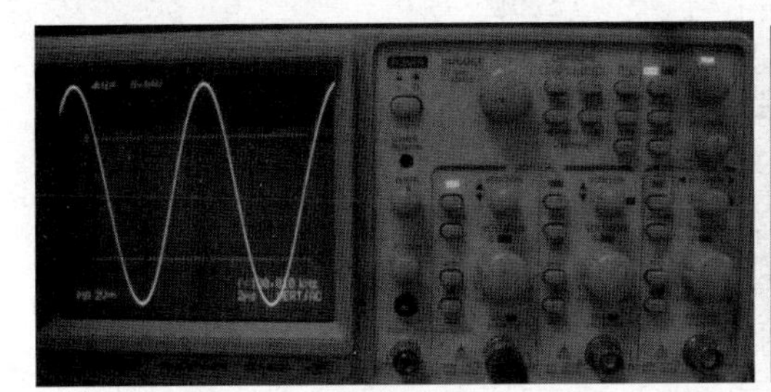
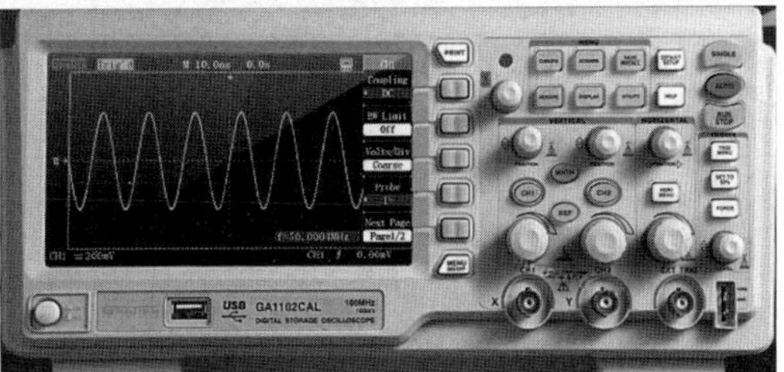

图 2.8 模拟示波器和数字示波器的实物外形图

模拟示波器是一种实时监测信号波形的示波器。在实际应用中，模拟示波器能监测周期性信号，如正弦波信号、方波信号、三角波信号等，以及一些复杂的周期性信号，如电视机的视频信号等。模拟示波器结构简单，适用于监测周期性较强的信号。

数字示波器一般都具有存储功能，能存储所测量的任意时间的瞬时信号波形，因此也被称为数字存储示波器。数字示波器可以捕捉信号变化的瞬间，以便对其进行观测。典型的数字示波器除常见的台式数字示波器以外，还有便于携带的手持式数字示波器。

## 2.2.2 示波器的测量设置和调整

示波器的测量设置和调整基本上都是通过示波器右侧操作面板上的按键实现的。

数字示波器的功能比模拟示波器的功能强，其按键的功能也比较复杂。如图 2.9 所示，典型数字示波器的操控面板上主要有选项按键区、探头连接区、垂直控制区、水平控制区、触发控制区、菜单功能区和其他按键及接口。

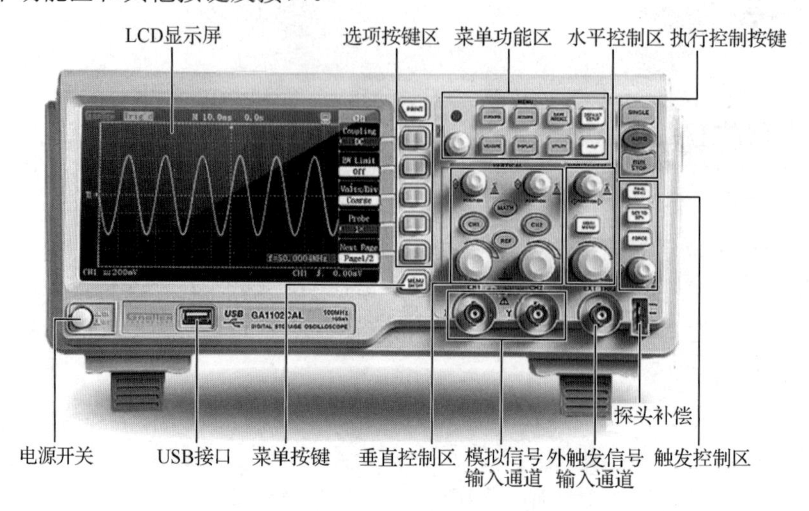


图 2.9　典型数字示波器的操作面板

### 1. 选项按键区

选项按键区主要包括 F1 键、F2 键、F3 键、F4 键和 F5 键，如图 2.10 所示。

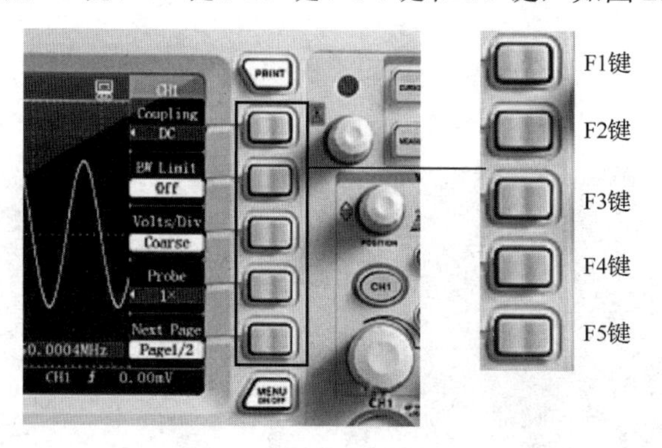


图 2.10　选项按键区

F1 键：用于选择输入信号的耦合方式，其控制区域对应于左侧显示屏。有三种耦合方式可供选择：交流耦合（将直流信号阻隔）、接地耦合（输入信号接地）和直流耦合（交流信号和直流信号都通过，被测交流信号包含直流信号）。

F2 键：控制带宽抑制，其控制区域对应于左侧显示屏上，可进行带宽抑制开通与关断的选择。当带宽抑制关断时，通道带宽为全带宽；当带宽抑制开通时，被测信号中高于 20MHz 的噪声和高频信号被衰减。

F3 键：控制垂直偏转系数，信号幅度（V/格）选择挡位有粗调和细调两挡。

F4 键：控制探头倍率，探头倍率有 1×、10×、100×、1000×等多种选择。

F5 键：控制波形反向设置，可对波形进行 180° 的相位翻转。

### 2. 探头连接区

探头连接区主要包括 CH1 按键、CH1 通道、CH2 按键和 CH2 通道，如图 2.11 所示。

图 2.11　探头连接区的按键和通道

当示波器的探头连接在 CH1 通道上检测波形时，CH1 按键被点亮。

当示波器的探头连接在 CH2 通道上检测波形时，CH2 按键被点亮。

### 3. 垂直/水平控制区

垂直/水平控制区主要包括垂直/水平位置调节旋钮和垂直/水平幅度调节旋钮，其中垂直/水平位置调节旋钮可以控制对应波形的垂直/水平方向的位置，如图 2.12 所示。

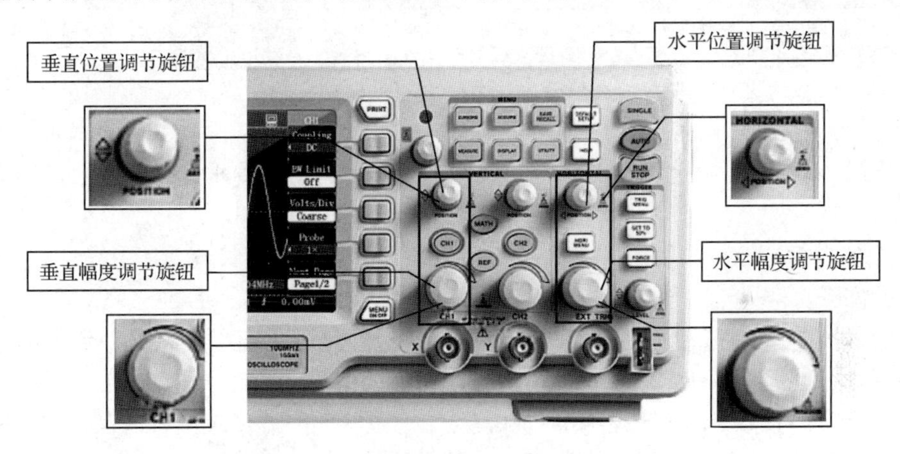


图 2.12　垂直/水平控制区

### 4. 触发控制区

触发控制区包括一个触发系统旋钮和三个按键，如图 2.13 所示。

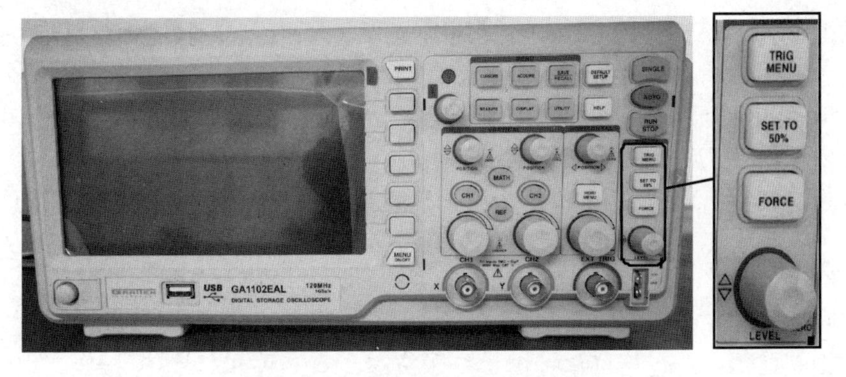


图 2.13　触发控制区的旋钮与按键

触发系统（LEVEL）旋钮：可以改变触发电平，可以在显示屏上看到触发标志用来指示触发电平线，触发电平线随触发系统旋钮转动而上下移动。

触发菜单（TRIG MENU）按键：可以改变触发设置。

设置为 50%（SET TO 50%）按键：设定触发电平为触发信号幅值的一半。

强制（FORCE）按键：强制产生一个触发信号，主要应用于触发方式中的“正常”和“单次”模式。

### 5. 菜单功能区

菜单功能区主要包括自动设置按键、屏幕捕捉按键、存储调用按键、辅助功能按键、采样系统按键、显示系统按键、自动测量按键、光标测量按键、多功能旋钮等，如图 2.14 所示。

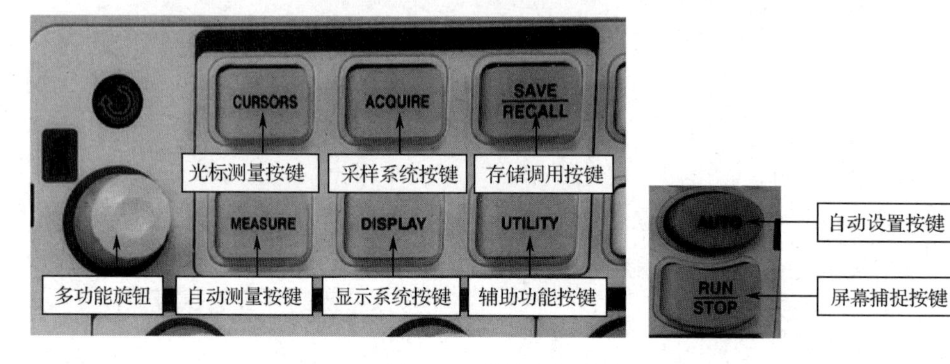


图 2.14　菜单功能区

自动设置（AUTO）按键：按该按键，数字示波器将自动设置垂直偏转系数、扫描时基及触发方式。

屏幕捕捉（RUN/STOP）按键：按该按键可以显示绿灯亮和红灯亮，其中绿灯亮表示运行，红灯亮表示暂停。

存储调用按键（SAVE/RECALL）：用于将示波器的波形或设置状态保存到内部存储区或 USB 设备中，并能通过 RefA（或 RefB）调出所保存的信息，或者通过该按键调出设置状态。

辅助功能（UTILITY）按键：用于对自校正、通过检测、波形录制、语言、出厂设置、界面风格、网格亮度、系统信息等选项进行相应的设置。

采样系统（ACQUIRE）按键：用于弹出采样设置菜单，可通过选项按键调整采样方式，如获取方式（普通采样方式、峰值检测方式、平均采样方式）、平均次数（设置平均次数）、采样方式（实时采样、等效采样）等。

显示系统（DISPLAY）按键：用于弹出设置菜单，可通过选项按键调整显示方式，如显示类型、格式（yt、xy）、持续（关闭、无限）、对比度、波形亮度等。

自动测量（MEASURE）按键：用于弹出参数测量显示菜单，该菜单中有 5 个可同时显示测量值的区域，分别对应于选项按键 F1～F5。

光标测量（CURSORS）按键：用于弹出测量光标或光标菜单，可配合多功能旋钮一起使用。

多功能旋钮：用于调整设置参数。

### 6. 其他按键及接口

其他按键及接口主要包括菜单按键、打印按键、REF 按键、USB 接口、电源开关等，如图 2.15 所示。

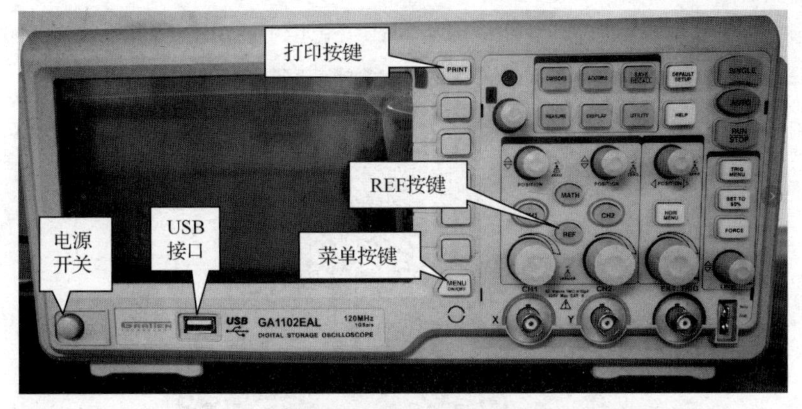


图 2.15　其他按键及接口

菜单按键：用于显示变焦菜单，可配合选项按键 F1～F5 一起使用。

打印按键：用于打印显示屏上的内容或将显示屏上的内容保存到 USB 设备中。

REF 按键：用于调出存储波形或关闭基准波形。

USB 接口：用于连接 USB 设备（U 盘或移动硬盘）和读取 USB 设备中的波形。

电源开关：用于启动或关闭示波器。

## 2.2.3　示波器的使用方法

本节以典型示波器为例介绍其使用方法。

示波器使用前的准备工作要做好，主要包括测试线的连接和示波器探头自校正。

### 1. 测试线的连接

测试线的连接如图 2.16 所示。

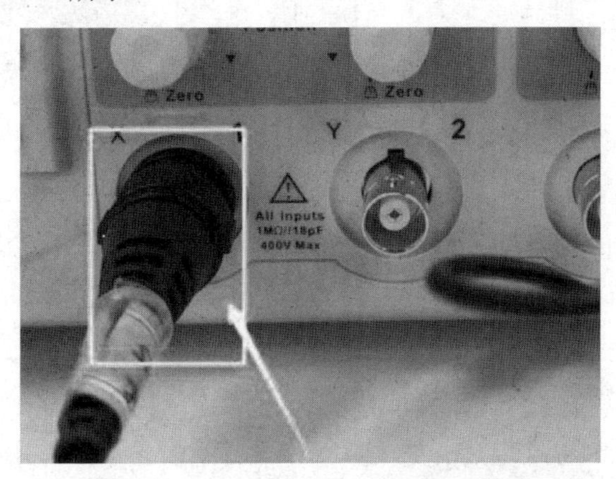


图 2.16　测试线的连接

示波器的测试线接口采用了旋紧锁扣式设计，在插接时，将测试线的接头座对应插到接口中，正确插入后顺时针旋动接头座，即可将其旋紧在接口上（这里以 CH1 通道的探头连接为例），此时就可以使用该通道进行测试了。CH2 通道的探头连接与 CH1 通道的探头连接相同。

测试线连接完成后，要对示波器探头进行校正。

### 2. 示波器探头的校正

典型示波器的接地夹和探头连接如图 2.17 所示。示波器的接地夹接地，探头与校正信号输出端连接，用手向下压探头帽，即可将探钩勾在校正信号输出端，进行示波器探头的校正。

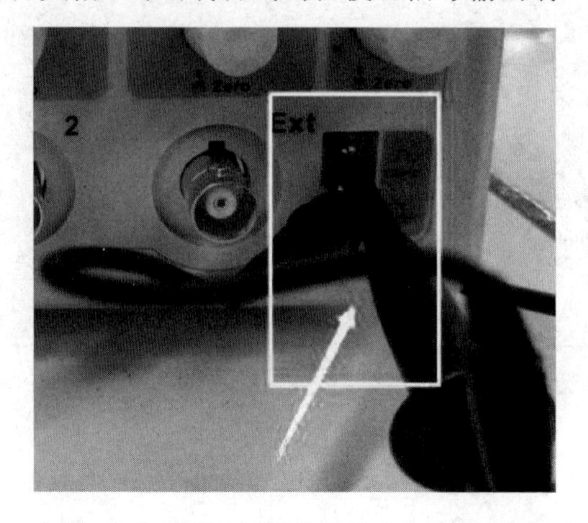


图 2.17　典型示波器的接地夹和探头连接

探头连接校正信号输出端后，示波器可能出现补偿过度和补偿不足两种波形不正常的情况，如图 2.18（a)、(b）所示，此时要对波形进行校正。

典型示波器探头校正如图 2.19 所示。用非金属质地的改锥调整探头上的低频补偿调节孔，直到显示的波形补偿正确［见图 2.18（c)］为止。

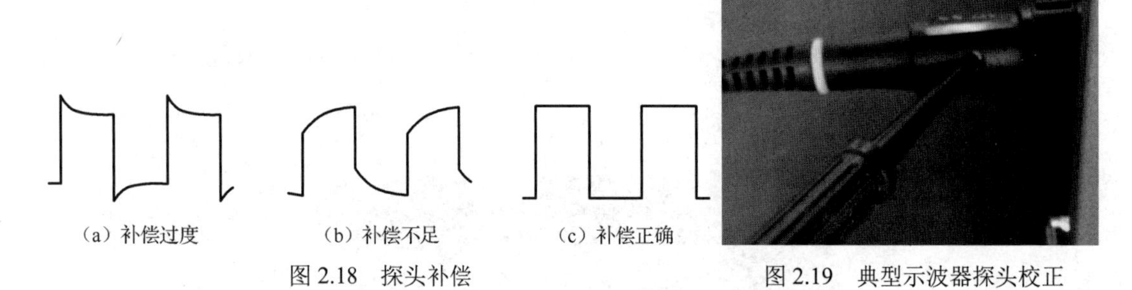


图 2.18　探头补偿

图 2.19　典型示波器探头校正

### 3. 示波器的使用步骤

下面以 DVD 机输出的视频信号为例，介绍示波器的具体使用步骤。

将传输线与 DVD 机正确连接，黄色传输线表示视频信号传输线，红色传输线和白色传输线表示音频信号传输线。在待测的 DVD 机中放入测试光盘，并将示波器接地夹接地。示波器的探头连接如图 2.20 所示。

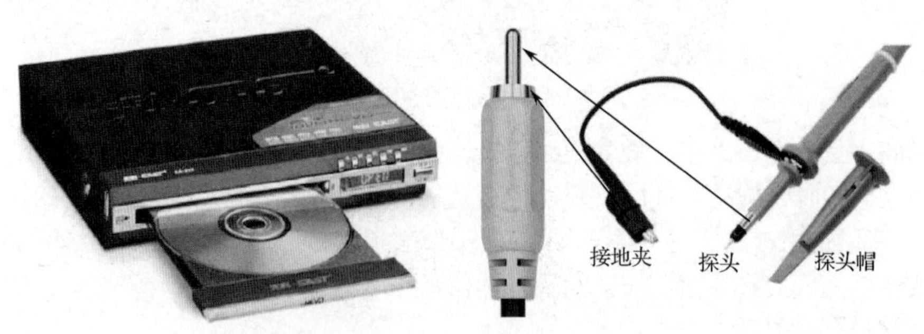


图 2.20　示波器的探头连接

将示波器探头上的探头帽取下，即向外拔出探头帽使探头与探头帽分离。将探头与 DVD 机的视频信号输出端进行连接。

探头连接完成后即可观察示波器的显示屏，如图 2.21 所示。

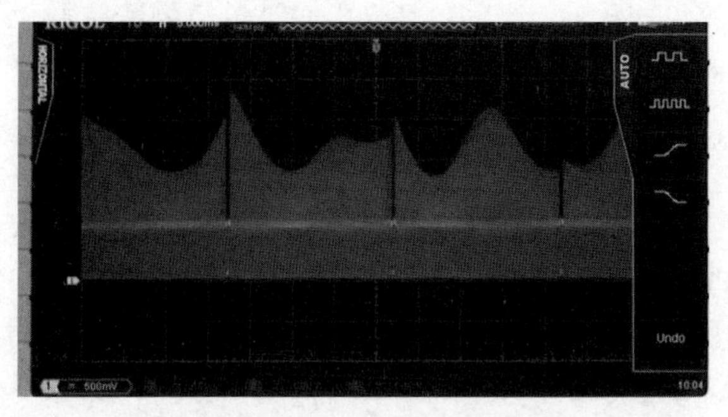


图 2.21 视频信号的示波器波形显示

示波器的显示屏上显示的波形为动态波形，此时按菜单功能区中的屏幕捕捉按键，就可以清晰地观察到示波器的显示屏上显示的视频信号。

音频信号的测试方法与视频信号的测试方法一致。

## 2.3 烧录器

Flash 烧录软件安装及应用

### 2.3.1 烧录器的特点

嵌入式系统需要预先将程序写入 ROM/Flash，在启动系统时载入运行这些程序。将已经生成的程序写入 ROM/Flash 的过程叫作烧录。这样固化在存储介质上的文件叫作固件（Firmware）。

烧录器是可编程的集成电路写入数据的工具，主要用于单片机（含嵌入式单片机）/存储器（含 BIOS）类芯片的编程（或称刷写）。烧录器主要修改 ROM 中的程序。烧录器通常与计算机连接，并配合编程软件使用。

使用烧录器对存储器进行数据复制操作的基本配置：一台配置要求不高的计算机、一个烧录器及与烧录器配套的驱动软件。烧录器及其驱动软件如图 2.22 所示。

图 2.22 烧录器及其驱动软件

## 2.3.2 烧录步骤

烧录步骤如下。

（1）将烧录器与计算机连接好。不同的烧录器与计算机的连接方式不太相同，有的烧录器连接到计算机的并口（打印机接口）上，有的烧录器连接到计算机的串口（COM1 或 COM2 接口）上，有的烧录器连接到计算机的 USB 接口上。从传输速度上来说，USB 接口最快，串口最慢。

（2）将与烧录器配套的驱动软件安装到计算机上，并按要求对烧录器进行相关设置。

（3）运行烧录器的驱动软件，选择存储器型号。

（4）操作烧录器的驱动软件，读取计算机中存储的所需数据，并将其作为数据源。

存储器数据的读取有两种方法：第一种是找一台与所修故障机型号相同的正常设备，将存储器拆下，插到烧录器上，读取其中的数据并保存到计算机中；第二种是直接利用已经保存在计算机中的存储器数据，可以是自己以前所备份的数据，也可以是厂家提供的数据或从网上下载的数据。

（5）把空白存储器或已使用过的存储器插到烧录器上，操作烧录器的驱动软件，烧录器将正常的数据写入空白存储器。

（6）将写好数据的新存储器更换到故障机上。

## 2.3.3 烧录器的驱动软件设置

以 SUPERPRO 软件为例，其设置步骤如下。

（1）打开软件。

（2）单击“选择器件”，查找主板对应的 Flash 物料名称，如图 2.23 所示。

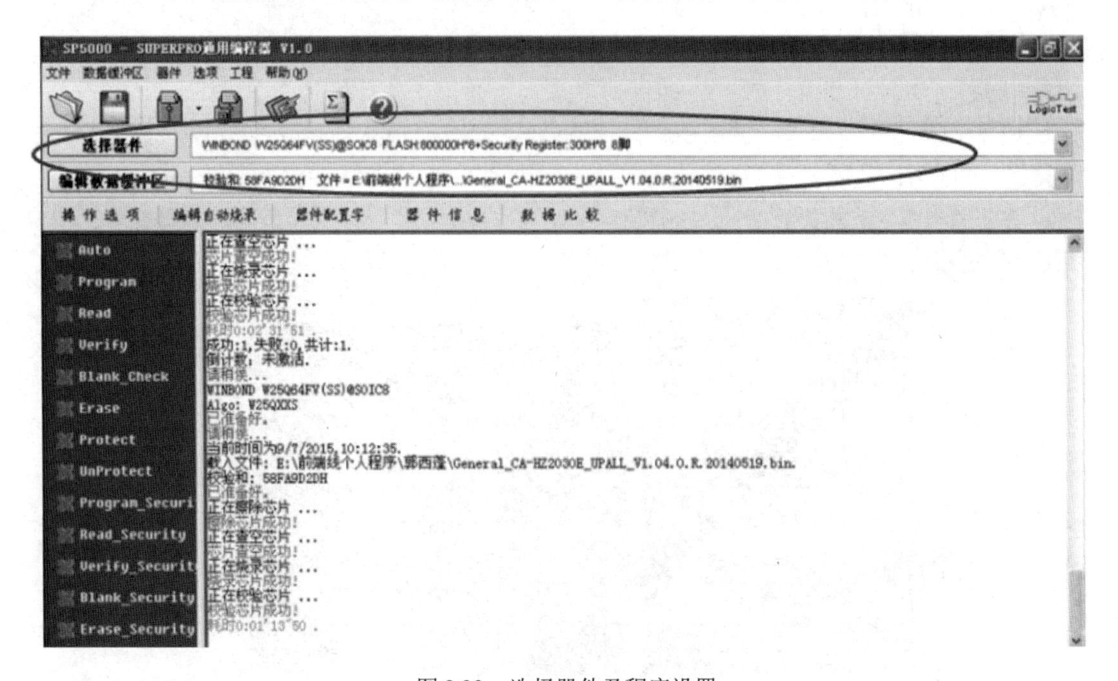


图 2.23　选择器件及程序设置

（3）选择要下载的.bin 程序文件。

（4）编辑自动烧录选项，顺序如下（见图 2.24）：Erase（擦除）、Blank_Check（擦空检查）、Program（烧录）、Verify（校验）。

图 2.24　编辑自动烧录选项

自动烧录选项编辑完成后单击图 2.25 中“1”处的“Auto”，开始烧录，当图 2.25 中“2”处进度条跑完且芯片检验成功后表示程序烧录完成。

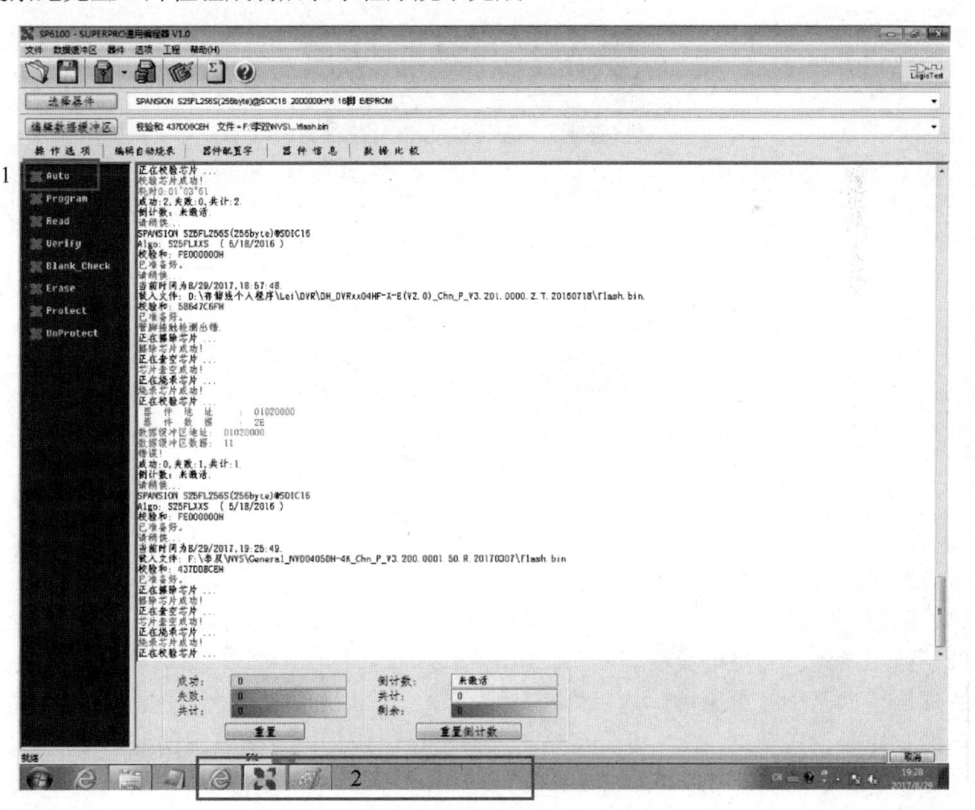


图 2.25　烧录进程

# 2.4 可调直流稳压电源

## 2.4.1 可调直流稳压电源简介

电源电路是所有电子设备都具有的电路，大到超级计算机、小到袖珍计算器，所有电子设备都必须在电源电路的支持下才能正常工作。电源电路的样式、复杂程度千差万别。电子设备对电源电路的要求是能够提供持续稳定、满足负载要求的电能，而且通常情况下要求提供稳定的直流电能。提供这种稳定的直流电能的电源就是直流稳压电源。

稳压直流电源是一种电力设备，能够将交流电压转换为直流电压，并将不稳定的交流电源转换为稳定的直流电源，无论交流电源怎样波动，直流稳压电源都能将电压保持在一定的范围内，以此来保证不稳定的交流电源变成稳定的直流电源。

可调直流稳压电源是采用当前国际先进的高频调制技术制成的，其工作原理是将开关电源的电压和电流展宽，实现了电压和电流的大范围调节，同时扩大了直流稳压电源的应用范围。

## 2.4.2 可调直流稳压电源的操作面板和操作方法

可调直流稳压电源的操作面板如图 2.26 所示。

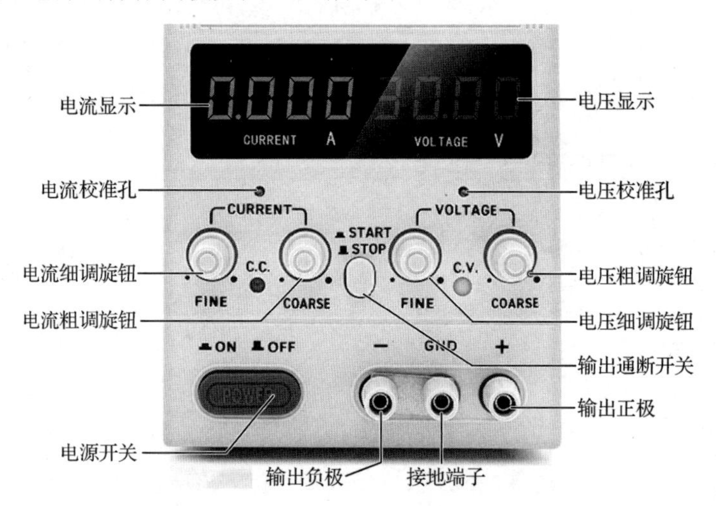


图 2.26 可调直流稳压电源的操作面板

可调直流稳压电源的操作方法如下。

（1）连接好电源线，打开电源开关。此时指示灯亮起，LED 显示屏有显示。

（2）稳压设定：先将电流粗调旋钮、电流细调旋钮调至最大值，然后将电压粗调旋钮、电压细调旋钮调至所需电压值，最后连接负载至输出正极和输出负极，电源即可正常使用。此时电源工作于稳压状态，C.V.指示灯亮起，即电压恒定，电流随负载的变化而变化。

（3）稳流设定：先调节电压粗调旋钮使电压输出为 3～5V 的任意值，将电流粗调旋钮和电流细调旋钮调至最小值，然后用导线短接输出正极和输出负极，调节电流粗调旋钮和电流细调旋钮至所需电流值，再拆除短路导线，调节电压粗调旋钮和电压细调旋钮至所需电压值，最后连接负载到输出正极和输出负极，电源即可正常使用。此时电源工作于稳流状态，C.C.指示灯亮起，即电流恒定，电压随负载的变化而变化。如果C.C.指示灯未亮起，则表明电源未工作在稳流状态，此时应加大负载或更改稳流值，让电源工作于稳流状态。电源短路时有轻微异常声音属于正常现象。

# 第3章 常用集成电路介绍

## 知识目标

1. 了解集成电路的功能和特点。
2. 熟悉常用的集成电路封装形式。
3. 熟悉安防视频监控系统主控芯片和周边芯片的特点。

## 能力目标

1. 能正确识别常用的集成电路封装形式。
2. 能正确识别安防视频监控系统主控芯片。
3. 能正确识别安防视频监控系统周边芯片。

## 素质目标

1. 培养勤于思考、耐心仔细、精益求精的职业素养。
2. 培育创新文化，弘扬科学家精神。
3. 培养创新思维方式和工作方法。

# 3.1　集成电路简介

## 3.1.1　集成电路及其安防应用

集成电路是一种微型电子器件或部件，也称为集成芯片或芯片（Chip）。通过氧化、光刻、扩散、外延、蒸铝等半导体制造工艺，把一个电路中所需的晶体管、电阻、电容和电感等元器件及布线互连在一起，制作在一小块或几小块半导体晶片或介质基片上，并封装在一个管壳内，构成具有所需电路功能的微型结构，这个微型结构就是集成电路，其中所有元器件在结构上组成一个整体，这使得电子器件或部件向着微小型化、低功耗、智能化和高可靠性方向迈进了一大步。集成电路的封装外壳有圆壳式、扁平式和双列直插式等多种形式。集成电路技术包括集成电路制造技术与设计技术，其技术水平主要体现在加工设备、加工工艺、封装测试、批量生产及设计创新能力上，当前应用的集成电路大多数是基于硅的集成电路。集成电路内部结构如图 3.1 所示。

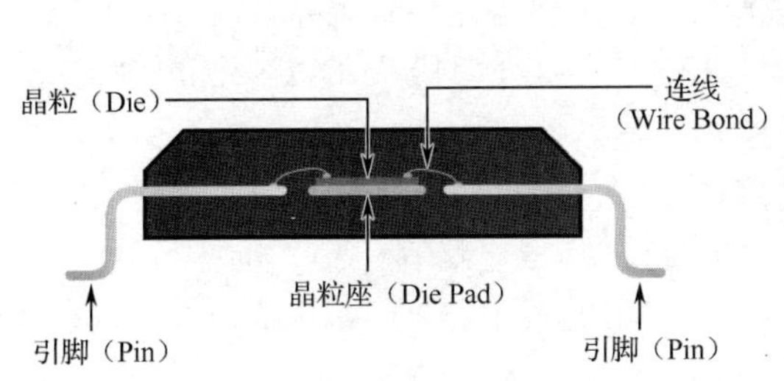

图 3.1　集成电路内部结构

安防视频监控系统主要包括前端设备、后端设备。前端设备完成对视频原始图像信号的采集和处理，将图像信号转换为模拟/数字视频信号，并传输到后端设备中。后端设备包括控制设备、显示设备、存储设备等。前端设备和后端设备的设计与制造均离不开集成电路。安防视频监控市场上用量较大的集成电路主要有 5 种：CIS、ISP 芯片、SoC、NVR 芯片、DVR 芯片。主要安防集成电路厂商有德州仪器（TI）、意法半导体（STMicroelectronics）、美满科技集团有限公司（Marvell）、北京君正集成电路股份有限公司、海思技术有限公司、北京中星微电子有限公司等。近年来随着算法的发展和集成电路性能的不断提升，安防视频监控行业逐步进入数智化时代。由于技术迭代和产品升级迅速，因此安防视频监控行业市场规模持续增长，有效带动了安防集成电路市场需求的稳步提升。在超高清化、智能化、网络化趋势下，安防集成电路的销售金额不断增加。据统计，2021 年安防集成电路市场规模约为 66.5 亿元，预计到 2024 年将超 100 亿元。

## 3.1.2　集成电路的分类

（1）集成电路按功能可分为微处理器集成电路、存储器集成电路、逻辑集成电路、模拟集成电路等。

（2）集成电路按处理信号可分为模拟集成电路、数字集成电路和数/模混合集成电路。模拟集成电路又称线性电路，用来产生、放大和处理各种模拟信号（幅度随时间连续变化的信号），其输入信号和输出信号成比例。数字集成电路用来产生、放大和处理各种数字信号（在时间和幅度上离散取值的信号）。

（3）集成电路按制作工艺可分为半导体集成电路和膜集成电路。膜集成电路又可分为厚膜集成电路和薄膜集成电路。

（4）集成电路按集成度高低可分为小规模集成电路、中规模集成电路、大规模集成电路、超大规模集成电路、特大规模集成电路和巨大规模集成电路。

（5）集成电路按导电类型可分为双极型集成电路和单极型集成电路，它们都是数字集成电路。双极型集成电路的制作工艺复杂，功耗较高，代表集成电路有 TTL、ECL、HTL、LST-TL、STTL 等类型。单极型集成电路的制作工艺简单，功耗较低，易于制成大规模集成电路，代表集成电路有 CMOS、NMOS、PMOS 等类型。

（6）集成电路按用途可分为电视机用集成电路、音响用集成电路、影碟机用集成电路、录像机用集成电路、计算机用集成电路、电子琴用集成电路、通信用集成电路、照相机用集成电路、遥控集成电路、语言集成电路、报警器用集成电路及各种专用集成电路。

（7）集成电路按应用领域可分为标准通用集成电路，如 CPU、GPU，以及专用集成电路（ASIC），如 SoC、FPGA 等。SoC（System-on-a-Chip）称为系统级芯片，也称为片上系统，表示它是一个产品，是一个有专用目标的集成电路，其中包含完整系统并有嵌入式系统的全部内容。集成电路通常也属于专用集成电路，如 BPU（大脑处理器）、DPU（深度学习处理器）、NPU（神经网络处理器）、VPU（视频处理单元）等。

（8）集成电路按外形可分为圆形集成电路（金属外壳晶体管封装，一般适用于大功率场合）、扁平形集成电路（稳定性好、体积小）和双列直插式集成电路等。

（9）集成电路按集成的功能层级可分为晶体管级集成电路、门级集成电路、寄存器传输级集成电路、模块级集成电路和系统级集成电路。常见的晶体管级集成电路为金属-氧化物半导体场效应晶体管（MOSFET）。双 MOS 管集成电路如图 3.2 所示，其中集成了两个独立的 MOS 管。

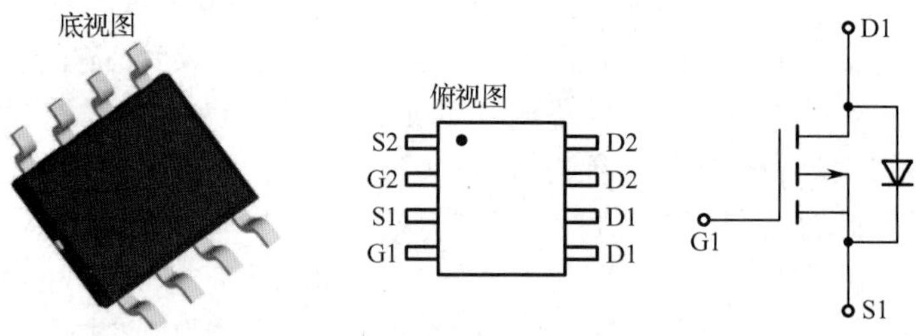


图 3.2　双 MOS 管集成电路

## 3.2　集成电路的封装

### 3.2.1　封装的主要作用

封装能保护集成电路不受或少受外界环境的影响，并为其提供一个良好的工作条件，以使集成电路具有稳定、正常的功能。具体而言，集成电路封装是指把硅片上的电路引脚，用导线接引到外部接头处，以便与其他元器件进行连接。封装形式是指安装半导体集成电路用的外壳。

集成电路封装直接影响到集成电路自身性能的发挥和与之连接的 PCB 的设计与制造，因此它是至关重要的。封装时主要考虑的因素：集成电路面积与封装面积之比尽量接近 1∶1，以提高封装效率；引脚尽量短，以减少延迟；引脚间的距离尽量远，以保证互不干扰和提高性能；基于散热的要求，封装越薄越好；综合考虑集成电路和 PCB 的制造成本。

集成电路封装能实现电源分配、信号分配、提供散热通道、机械支撑、物理保护等作用，具体如下。

（1）电源分配：主要是指实现电源电压的分配，使电路之间电流导通，应对电源和接地线分布进行考虑。

（2）信号分配：主要是指将电信号的延迟尽可能减小，在布线时其路径应尽可能达到最短，并且还应考虑高频信号干扰，进行合理的信号及接地线分配。

（3）提供散热通道：主要是指各种电子封装均要考虑如何将元器件或部件长期工作时产生的热量散发出去的问题。

（4）机械支撑：主要是指封装应为集成电路和其他部件提供牢固可靠的机械支撑，并能适应各种工作环境和条件的变化。

（5）物理保护：半导体器件和电路的许多参数均与半导体表面状态密切相关，半导体集成电路在封装前时刻处于周围环境的威胁之中，而在封装后将被严加密封和保护，以适应各种工作环境和条件的变化。

### 3.2.2　封装的分类

从不同的角度来看，集成电路的封装类型有很多，有的涉及集成电路的生产制造，属于一级封装的范畴，具体涉及集成电路晶粒及其电极和引线的封装或封接；有的与 PCB 设计直接相关，属于二级封装的范畴。

（1）集成电路晶粒在装载时，有电极的一面可以朝上也可以朝下，按照集成电路晶粒的装载方式，可分为正装片和倒装片，布线面朝上的为正装片，反之为倒装片。

另外，集成电路晶粒的电气连接方式亦有所不同，有的采用有引线方式，有的采用无引线方式。

（2）按照集成电路的基板类型分类。基板的作用是搭载和固定集成电路晶粒，同时兼具绝缘、导热、隔离及保护作用。从材料上看，基板可分为有机基板和无机基板；从结构上看，基板可分为单层基板、双层基板、多层基板和复合基板。

（3）按照集成电路晶粒及其电极和引线的封装或封接方式，封装可分为气密性封装和树脂封装。其中气密性封装根据封装材料的不同又可分为金属封装、陶瓷封装和玻璃封装三种类型。

（4）按照封装材料，封装可分为金属封装、陶瓷封装、金属-陶瓷封装、塑料高分子材料封装等。

金属材料可以冲压，有封装精度高、尺寸精准、便于大批量生产、价格低廉等优点；陶瓷材料的电气性能优良，适用于高密度封装；金属-陶瓷封装兼具金属封装和陶瓷封装的优点；塑料高分子材料封装的可塑性强、价格低廉、工艺简单、便于大批量生产。

（5）按照封装中组合集成电路的数目，封装可分为单芯片封装与多芯片封装两大类。

（6）按照元器件与 PCB 的互连方式，封装可分为引脚插入型封装和表面贴装型封装两大类。

表面贴装型封装不仅减小了其本身的尺寸，还降低了 PCB 设计的难度。引脚插入型封装需要将引脚插到 PCB 中，故需要在 PCB 中根据集成电路的引脚尺寸钻出对应的小孔，将集成电路主体部分放置在 PCB 的一面，同时在 PCB 的另一面完成电路的连接，这对双层及多层 PCB 设计的约束很大。而表面贴装型封装的集成电路只占用 PCB 的一面，并在同一面进行焊接，不需要钻孔，这样就降低了 PCB 的设计难度。表面贴装型封装的主要优点是减小集成电路的尺寸，从而增大了 PCB 上集成电路的密集度，同时避免了密集的通孔导致的 PCB 机械强度降低。

（7）按照引脚分布形态，封装元器件有单边（Single-ended）引脚、双边（Dual）引脚、四边（Quad）引脚、底部（Bottom）引脚、引脚排成阵列结构等几种形式。常见的单边引脚有单列式封装与交叉引脚式封装，双边引脚有双列式封装，四边引脚有四边扁平封装，底部引脚有金属罐式封装与点阵列式封装。

（8）按外形及结构，封装大致可分为 DIP、S-DIP、SK-DIP、SIP、ZIP、PGA 封装、BGA 封装、SOP、SOJ、MSP、QFP、SVP、CSP、TCP、LCCC 封装、PLCC 封装等。

### 3.2.3　常用封装形式

#### 1. DIP

DIP 是指双列直插式封装，其引脚在封装两侧排列，是引脚插入型封装中最常见的一种，引脚间距为 2.54mm，电气性能优良，有利于散热，可制成大功率器件，其引脚个数一般不超过 100。DIP 的集成电路有两排引脚，需要插到具有 DIP 结构的集成电路插座上。当然，也可以直接插到有相同焊孔数和几何排列的 PCB 上进行焊接。DIP 的集成电路面积与封装面积的比值较大，故体积也较大。图 3.3 所示为 DIP 示意图和实物图。

图 3.3　DIP 示意图和实物图

S-DIP 是指收缩双列直插式封装，引脚间距更小。SK-DIP 是指窄型双列直插式封装，除集成电路的宽度是 DIP 的 1/2 以外，其他参数均相同。

#### 2. SIP

欧洲半导体厂家多采用 SIP。SIP 是指单列直插式封装，其引脚从封装一个侧面引出，排列成一条直线，如图 3.4 所示，当装配到基板上时封装呈侧立状，引脚间距通常为 2.54mm，引脚个数为 2～23，多数为定制产品。有时也把形状与 ZIP 相同的封装称为 SIP（ZIP 是指 Z

形引脚直插式封装，其引脚也在封装的单侧排列，只是引脚比 SIP 粗短些，引脚间距等特征与 DIP 基本相同）。

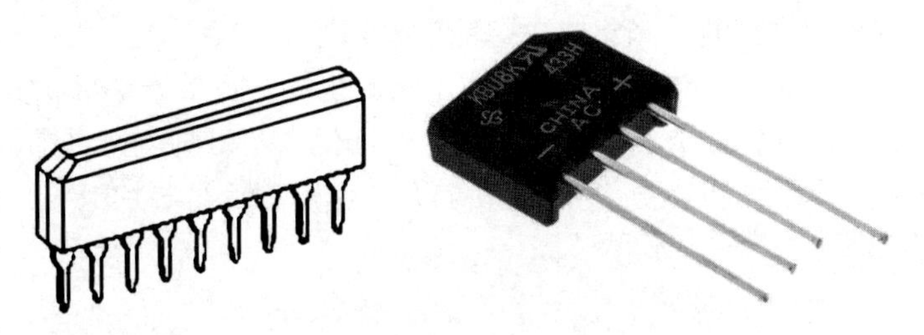

图 3.4　SIP 示意图和实物图

### 3. PGA 封装

PGA（Pin Grid Array，针脚栅格阵列）封装形式在集成电路的内、外有多个方阵形插针，每个方阵形插针沿集成电路的四周间隔一定距离排列，如图 3.5 所示。根据引脚个数的多少，可以围成 2～5 圈。在安装时，将集成电路插入专门的 PGA 插座。PGA 封装用于高速 LSI 电路，成本较高。其引脚间距通常为 2.54mm，引脚个数为 64～447。为了降低成本，封装基材可用玻璃环氧树脂基板代替。此外，也有 64～256 个引脚的塑料 PGA 封装。还有一种引脚间距为 1.27mm 的短引脚表面贴装型 PGA（碰焊 PGA）封装。

图 3.5　PGA 封装示意图和实物图

LGA（Land Grid Array，平面网格阵列）封装与 PGA 封装的区别是由 PCB 提供引脚，而集成电路仅为阵列分布的触点，如图 3.6 所示。

图 3.6　LGA 封装实物图

### 4. BGA 封装

BGA 封装是表面贴装型封装的一种，在 PCB 的背面布置二维阵列的球形端子，而不采用针脚作为引脚，焊球的间距通常为 1.5mm、1.0mm、0.8mm，与 PGA 封装相比，不会出现针脚变形问题，如图 3.7 所示。随着集成电路技术的发展，对集成电路的封装要求越发严格，这是因为封装技术关系到产品的性能。当集成电路的频率超过 100MHz 时，采用传统封装形式可能会产生所谓的“Cross Talk”现象，而且当集成电路的引脚个数多于 208 时，采用传统封装形式有一定的困难。BGA 封装由于具有密度高、导热性优良及引脚电感更小等优点，因此成为大多数多引脚集成电路（如 CPU、主板南/北桥芯片、图形芯片与芯片组等）高密度、高性能、多引脚封装的常规选择。

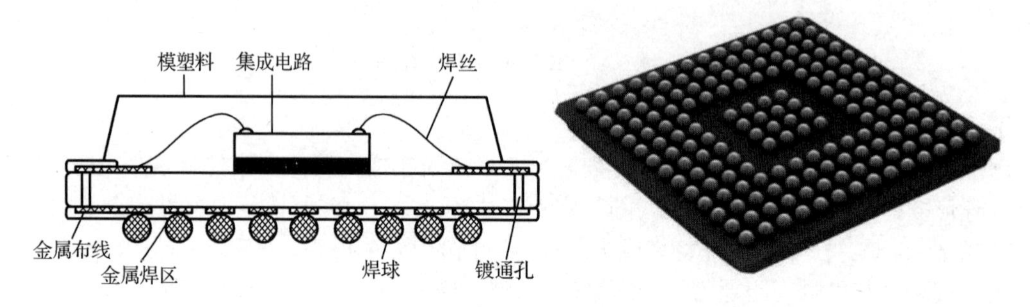


图 3.7　BGA 封装示意图和实物图

目前 BGA 封装主要有以下几类。

（1）FBGA（Fine-Pitch Ball Grid Array，细间距 BGA）封装。FBGA 封装焊球密度更大、体积更小、容量更大、散热性更好，更适用于内存与显存颗粒的封装。

（2）MBGA（Micro Ball Grid Array，微型 BGA）封装。MBGA 封装是 FBGA 封装技术在外观上的一种体现，与 FBGA 封装实际上是一样的，只不过称呼的侧重点不同，MBGA 封装侧重于对外观的直接描述，FBGA 封装侧重于焊球的排列形式。

（3）PBGA（Plastic Ball Grid Array，塑料 BGA）封装。PBGA 封装将 BT 树脂/玻璃层压板作为基板，有一些 PBGA 封装为腔体结构，分为腔体朝上和腔体朝下两种类型。这种带腔体的 PBGA 封装可增强散热性，称为热增强型 BGA（EBGA）封装，有的也称为腔体 PBGA（CPBGA）封装。

（4）UFBGA 或 UBGA（Ultra Fine Ball Grid Array，极精细 BGA）封装。

（5）CBGA（Ceramic Ball Grid Array，陶瓷 BGA）封装。CBGA 封装集成电路与基板间的电气连接通常采用倒装芯片（Flip Chip，FC）的安装方式。

（6）LFBGA（Low Fine Ball Grid Array，低截面细距 BGA）封装。LFBGA 封装在集成电路背面植上焊球后成品高度大于 1.2mm、小于或等于 1.7mm。

（7）TFBGA（Thin Fine Ball Grid Array，薄型精密 BGA）封装。TFBGA 封装在集成电路背面植上焊球后成品高度小于 1.2mm。

BGA 封装具有以下特点。

（1）引脚个数虽然增多，但引脚间距远大于 QFP，提高了成品率。

（2）虽然 BGA 封装的功耗增加，但由于采用可控塌陷芯片法焊接，因此可以改善电热性能。

（3）信号传输延迟小，适应频率大大提高。

（4）可采用共面焊接，可靠性大大提高。

图 3.8 所示为 UFBGA100 封装尺寸图。

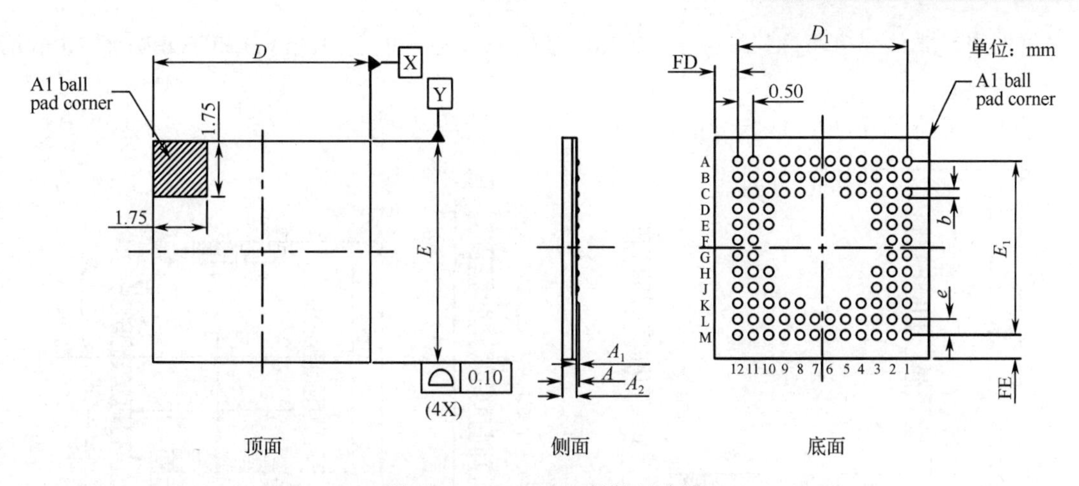


图 3.8　UFBGA100 封装尺寸图

## 5. SOP

SOP 是指小外形封装，后衍生出 SOIC 封装，两者尺寸基本相同，是表面贴装型封装，引脚从封装两侧引出，呈海鸥翼状，封装材料有塑料和陶瓷两种，引脚间距为 1.27mm。SO-8 封装尺寸图如图 3.9 所示。其应用范围很广，并且逐渐衍生出 SOJ、TSOP、VSOP、SSOP、TSSOP、SOT、SOIC 等封装形式，如图 3.10 所示。

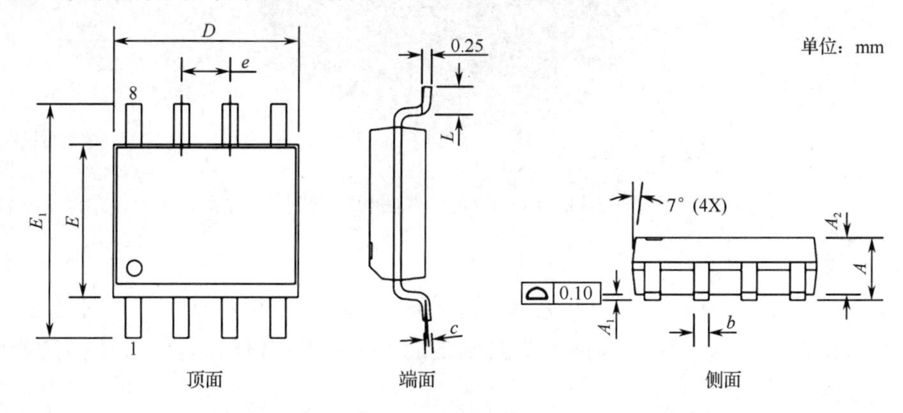


图 3.9　SO-8 封装尺寸图

图 3.10　SOJ、TSOP、SSOP、SOT、SOIC 示意图

## 6. QFP

QFP 是指方形扁平封装，引脚间距很小，引脚很细，是表面贴装型封装，引脚端子从封装的两个侧面引出，呈海鸥翼状，如图 3.11 所示，引脚间距有 1.0mm、0.8mm、0.65mm、0.5mm、0.4mm、0.3mm 等几种，一般大规模或超大规模集成电路都采用这种封装形式，其引脚个数一般在 100 以上，0.65mm 引脚间距规格中引脚个数最多为 304。PQFP（Plastic Quad Flat Package）是指塑料方形扁平封装。

根据封装本体厚度不同，有 QFP（厚 2.0～3.6mm）、LQFP（厚 1.4mm）和 TQFP（厚 1.0mm）三种封装形式。

图 3.11 所示为 LQFP-64 尺寸图及实物图。

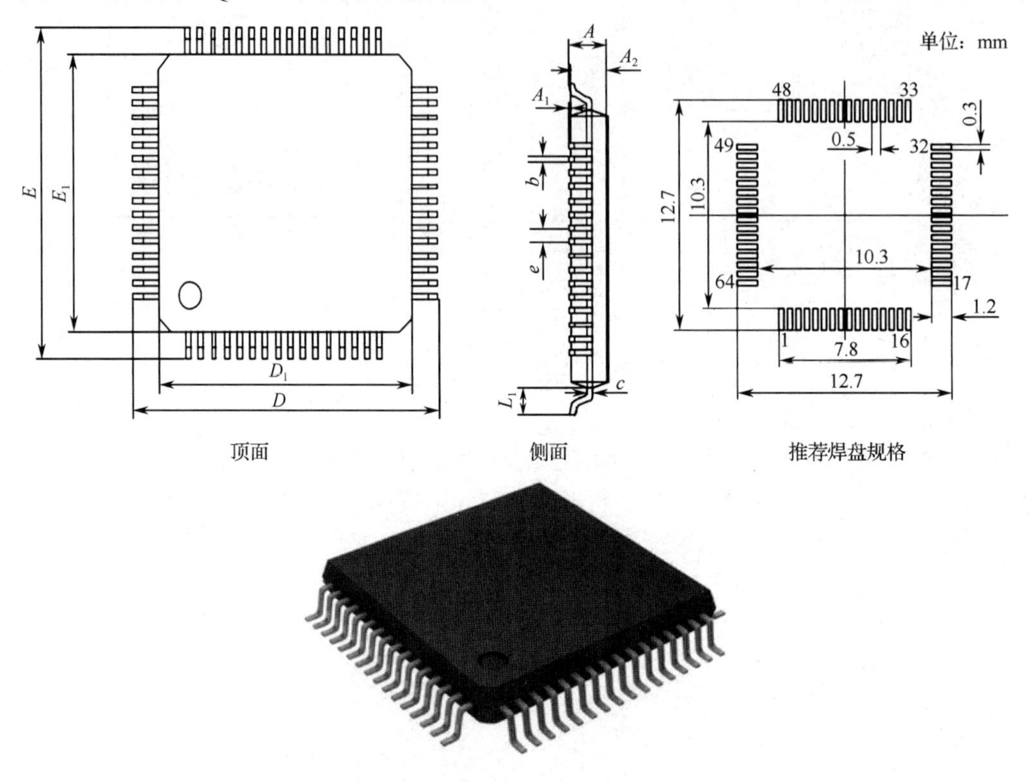


图 3.11　LQFP-64 尺寸图和实物图

### 7. QFN 封装

QFN（Quad Flat No-Leads，方形扁平无引脚）封装呈正方形或矩形，封装底部中央位置有一个大面积裸露焊盘，用来导热，大焊盘的封装外围四周有实现电气连接的导电焊盘，如图 3.12 所示。

图 3.12　QFN 封装实物图

由于 QFN 封装不像传统的 SOIC 与 TSOP 那样具有海鸥翼状引脚，内部引脚与焊盘之间的导电路径短，自感系数及封装内布线电阻很小，所以它能提供优越的电性能。此外，QFN 封装还通过外露的引线框架焊盘提供出色的散热性能，该焊盘上具有直接散热通道，用于散发封装内的热量。通常将散热焊盘直接焊接在 PCB 上，并且 PCB 上的散热过孔有助于将多余的功耗扩散到铜接地板中，从而吸收多余的热量。但是，当基板与封装之间产生应力时，在电极接触处就不能得到缓解，因此电极触点难以做到 QFP 的引脚那样多，一般为 14～100 个。QFN 封装材料有陶瓷和塑料两种。

**8. 其他封装**

TO（Transistor Out-Line）封装是指晶体管外形封装，这是早期的封装形式，如 TO-92、TO-92S、TO-220、TO-251 等都是引脚插入型封装形式，如图 3.13 所示。近年来表面贴装型封装市场需求量增大，TO-252 和 TO-263 是表面贴装型封装形式，其中 TO-252 又称为 D-PAK，TO-263 又称为 D2PAK。

图 3.13　TO-92、TO-92S、TO-220、TO-252 封装示例

LCCC 封装、PLCC 封装、CSP、MCM 封装示例如图 3.14 所示。

图 3.14　LCCC 封装、PLCC 封装、CSP、MCM 封装示例

LCCC（Leadless Ceramic Chip Carrier，无引线陶瓷芯片载体）封装是在陶瓷基板的四个侧面都设有电极焊盘而无引脚的表面贴装型封装，用于高速、高频集成电路封装。

PLCC（Plastic Leadless Chip Carrier，塑料无引线芯片载体）封装是一种塑料封装的 LCC，用于高速、高频集成电路封装。

CSP（Chip Scale Package，芯片尺寸级封装）是一种超小型表面贴装型封装，其引脚也是球形端子，引脚间距为 0.8mm、0.65mm、0.5mm 等。

此外，为解决单一芯片集成度低和功能不够完善的问题，可把多个高集成度、高性能、高可靠性的芯片，在高密度多层互联基板上用 SMT 组成多种多样的电子模块系统，从而实现 MCM（Multi Chip Model，多芯片模块）系统。

## 3.3　安防视频监控系统主控芯片介绍

### 3.3.1　IPC 主控芯片

IPC（网络摄像机）的数字摄像过程实际上就是把光信号转换为电信号的过程。在数字摄像的过程中，外面的光通过透镜打到图像传感器上，图像传感器把图像分解上千万个像素点，图像传感器测量每个像素点的色彩与亮度，并将其转换为数字信号作为代号，实际图像就变成一系列数字的集合。原始图片尺寸通常很大，为了方便传输，ISP 芯片会对其继续进行压缩编码等处理。因此，图像传感器（将光信号转换为电信号）与 ISP 芯片（主要处理数字信号）是图像处理最重要的两种器件。

**1. 图像传感器**

图像传感器主要有两种类型：电荷耦合器件（Charge-Coupled Device，CCD）和 CMOS 图像传感器（CMOS Image Sensor，CIS）。CCD 于 1969 年被发明，并于 1975 年被正式应用于照相机领域，CIS 的出现则相对晚了 10 年，随着后来 CMOS 成像技术不断提升，CIS 凭借其低功耗、体积小、高帧数（有利于拍摄动态影像）等优势，逐步在民用消费电子产品等领域占领市场，而 CCD 则由于图像质量有优势，因此在专业领域，如卫星、医疗等领域仍有一席之地，但已经逐步失去大部分安防市场份额。

CIS 主要分为传统（前照式）CIS、背照式 CIS。

传统 CIS 光线射入后依次经过片上透镜、彩色滤光片、金属线路，最后才被光电二极管接收。由于金属线路会对光线产生影响，因此最后被光电二极管吸收的光只有 80%或更少，影响了图像质量。

背照式 CIS 改变了架构，把金属线路与光电二极管的位置调换，让光线依次经过片上透镜、彩色滤光片、光电二极管。这样可减小金属线路对光线的干扰，从而增加进光量，减少噪度，在光线不足的场景有比较明显效果。

**2. ISP 芯片**

ISP（Image Signal Processing，图像信号处理）芯片主要用来对前端图像传感器（如 CIS）输出的信号进行处理。ISP 芯片通过一系列数字图像处理算法完成对数字图像的效果处理，主要包括 3A、坏点校正、去噪、强光抑制、背光补偿、色彩增强、镜头阴影校正等。ISP 芯片包括逻辑部分，以及运行在其上的 Firmware。

ISP 芯片的控制原理如图 3.15 所示，镜头（Lens）将光（Light）信号投射到 CIS 的感光区域，CIS 进行光电转换，将 Bayer 格式的原始图像送给 ISP 芯片，ISP 芯片经过算法处理，输出 RGB 图像给后端的视频采集单元（VIU）。在这个过程中，ISP 芯片通过运行在其上的 Firmware 对 ISP 逻辑、Lens 和 CIS 进行相应控制，进而完成自动光圈、自动曝光、自动白平衡等功能。其中，Firmware 的运转靠 VIU 的中断驱动。调试工具通过网口或串口完成对 ISP 芯片的在线图像质量调节。

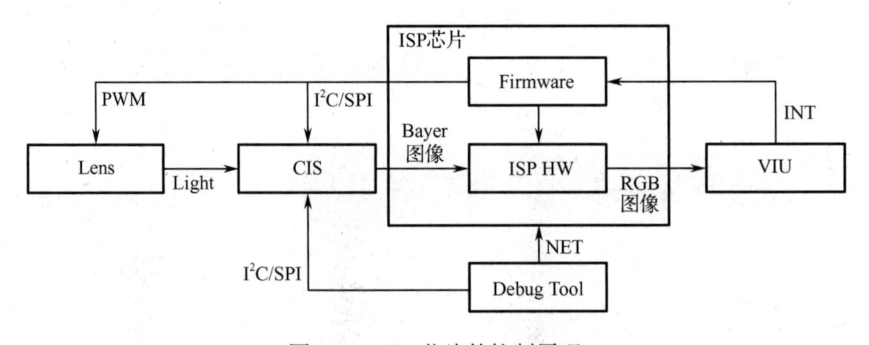


图 3.15　ISP 芯片的控制原理

3. Hi3516DV300 简介

常见的国产 IPC 主控芯片有瑞芯微的 RV11 系列、RK33 系列和华为海思的 Hi35 系列等，其中华为海思在 IPC 的 SoC 方面市场份额较高，其中行业专用 Smart HD IPC 主控芯片 Hi3516DV300 采用 ARM Cortex-A7@900MHz 双核处理器，配有 32KB I-Cache、32KB D-Cache 和 256KB L2 Cache，集成了 H.265 视频压缩编码器和高性能 NNIE 引擎，支持 NEON 加速，集成了 FPU（浮点运算单元），处理性能达 1.0Tops，在低码率、高画质、智能处理和分析、低功耗等方面表现优异，同时集成了 ISP 芯片、POR、RTC、Audio Codec 及待机唤醒电路，简化了设计，降低了设计方案总体成本。图 3.16 所示为 Hi3516DV300 的设计方案。

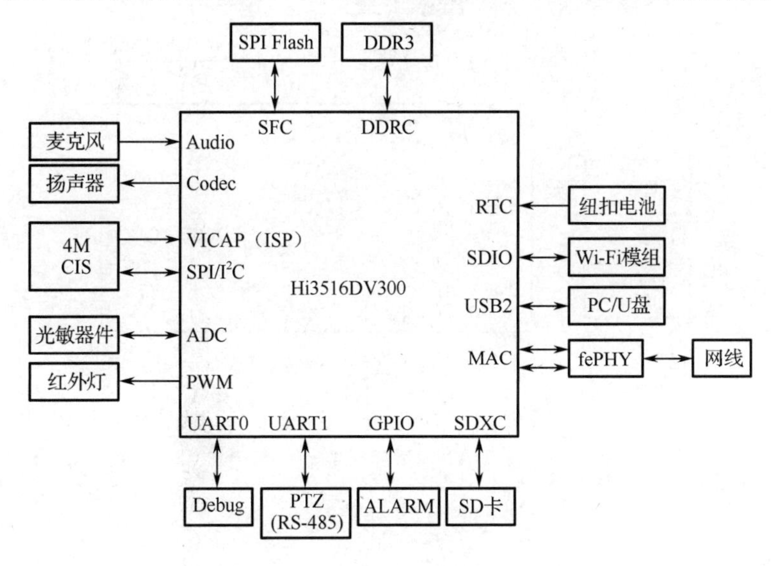


图 3.16 Hi3516DV300 的设计方案

Hi3516DV300 采用 TFBGA 封装，封装尺寸为 14mm×14mm，引脚间距为 0.65mm，引脚个数为 367。

## 3.3.2 NVR 主控芯片

NVR（Network Video Recorder，网络视频录像机）是安防视频监控系统的存储、转发设备，NVR 与视频编码器或 IPC 协同工作，完成视频的录制、存储及转发功能。目前市场上主流的 NVR 主控芯片有以下 4 种，分别是 TI 的 DM816X 系列、华为海思的 Hi35 系列、Entropic 的 EN7530 系列、Marvell 的 ARMADA XP 系列。

Hi3536 是针对入门级 H.265 高清（4M/1080P/720P）NVR 产品开发的一款专业 SoC。Hi3536 内置 ARM Cortex-A7 处理器和高性能的 H.265/H.264 视频解码引擎，集成了包含多项复杂图像处理算法的高性能视频/图像处理引擎，提供 HDMI/VGA 高清显示输出能力，同时集成了丰富的外围接口。该 SoC 为客户产品提供了高性能、优异图像质量的低成本 NVR 解决方案。

Hi3536DV100 选用 ARM Cortex-A7 @850MHz 处理器，配有 32KB L1 I-Cache、32KB L1 D-Cache 和 128KB L2 Cache，支持多协议视频编解码；支持 4 路 1080P@25fps 或 3M（2048 像素×1536 像素）@20fps 格式的 H.265/H.264 解码；具有图像增强、缩放、遮挡、OSD 等视频与图像处理能力；软件实现多协议音频编解码；硬件实现 AES/DES/3DES 加解密算法；支持

HDMI/VGA 同源输出，最大输出 1080P@60fps；集成了 1 个百兆以太网接口；SATA2.0 接口支持 eSATA；可连接 1 个 16bit 最大容量为 512MB 的 DDR3/DDR3L SDRAM，2 个最大容量为 512MB 的 SPI NAND Flash；有 2 个 USB 2.0 接口、3 个 UART 接口、1 个 IR 接口、1 个 $I^2C$ 接口、多个 GPIO 接口等外围接口，方便实现报警联动、语音对话等功能。Hi3536DV100 的设计方案如图 3.17 所示。

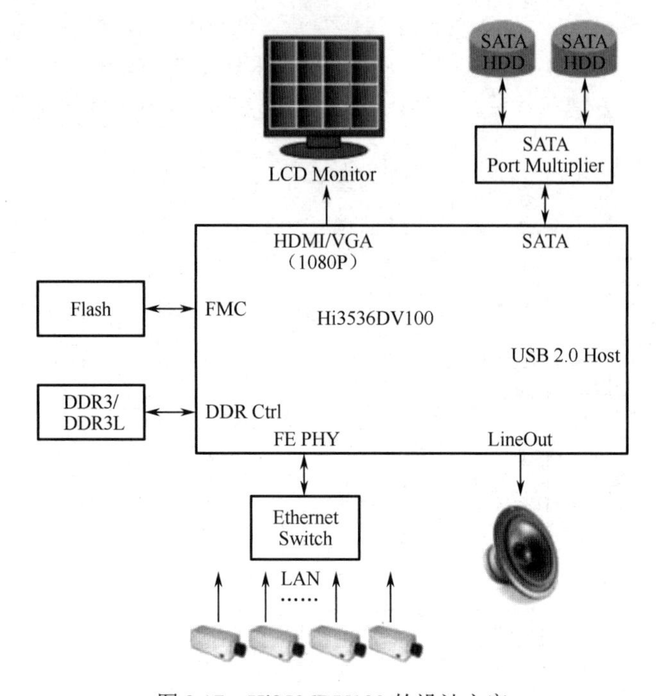


图 3.17　Hi3536DV100 的设计方案

Hi3536DV100 采用 TFBGA 封装，封装尺寸为 13mm×13mm，引脚间距为 0.65mm，引脚个数为 314。

## 3.3.3　DVR 主控芯片

DVR（Digital Video Recorder，数字视频录像机或硬盘录像机）接收的是模拟视频信号，相比 NVR，DVR 需要具备更加强大的多路视频编码能力，具有对图像/语音进行长时间录制、远程监视和控制的功能。

Hi3520DV500 是针对多路高清/超高清（1080P/4M/5M/4K）DVR 产品开发的专业 SoC。Hi3520DV500 集成了 ARM Cortex-A7 四核处理器和性能强大的神经网络推理引擎，支持多种智能算法应用，同时集成了多路 MIPI（移动产业处理器接口）的 D-PHY 接口输入，突破了数字接口的视频输入性能瓶颈，可提供两倍于前代产品的视频输入能力。另外，H.265 视频编解码引擎、视频图像处理的算法效果及性能得到了进一步提升。结合丰富的外部设备及高速接口，该 SoC 提供了高性能、优异图像质量的模拟高清 DVR 解决方案，广泛应用于模拟高清监控领域。

# 3.4　安防视频监控系统周边芯片介绍

## 3.4.1　SDRAM 芯片

ISP 芯片中需要存储大量的数据，1080P 格式的分辨率是 1920 像素×1080 像素，若为 10bit RGB 图像，则一幅图像的数据就超过 7MB，而 CPU 自带的缓存容量仅为几百千字节，因此需要附加存储器。为了提高数据吞吐量，保证图像处理速度，要求有较高的数据传输速率，目前主要采用 DDR3 DRAM 芯片，主要为单颗 1Gbit、4Gbit 容量，有的产品（DDR3-2133）只需 1.35V 电压就可以提供 2133Mbit/s 的数据传输速率，并且与 1.5V DDR3 标准兼容。例如，型号为 H5TQ4G63AFR-RDC 的 DDR3 DRAM 芯片容量为 256M×16bit=4Gbit，CL13 型的工作频率为 1866MHz，工作电压为 1.5V±0.075V，最高不超过 1.8V，采用 FBGA96 封装，从上往下透视芯片观察到的引脚排列如图 3.18 所示。

| | 1 | 2 | 3 | 4 | 5 | 6 | 7 | 8 | 9 | |
|---|---|---|---|---|---|---|---|---|---|---|
| A | VDDQ | DQU5 | DQU7 | | | | DQU4 | VDDQ | VSS | A |
| B | VSSQ | VDD | VSS | | | | $\overline{\text{DQSU}}$ | DQU6 | VSSQ | B |
| C | VDDQ | DQU3 | DQU1 | | | | DQSU | DQU2 | VDDQ | C |
| D | VSSQ | VDDQ | DMU | | | | DQUO | VSSQ | VDD | D |
| E | VSS | VSSQ | DQLO | | | | DML | VSSQ | VDDQ | E |
| F | VDDQ | DQL2 | DQSL | | | | DQL1 | DQL3 | VSSQ | F |
| G | VSSQ | DQL6 | DQSL | | | | VDD | VSS | VSSQ | G |
| H | VREFDQ | VDDQ | DQL4 | | | | DQL7 | DQL5 | VDDQ | H |
| J | NC | VSS | $\overline{\text{RAS}}$ | | | | CK | VSS | NC | J |
| K | ODT | VDD | $\overline{\text{CAS}}$ | | | | $\overline{\text{CK}}$ | VDD | CKE | K |
| L | NC | $\overline{\text{CS}}$ | $\overline{\text{WE}}$ | | | | A10/AP | ZQ | NC | L |
| M | VSS | BAO | BA2 | | | | NC | VREFCA | VSS | M |
| N | VDD | A3 | A0 | | | | A12/$\overline{\text{BC}}$ | BA1 | VDD | N |
| P | VSS | A5 | A2 | | | | A1 | A4 | VSS | P |
| R | VDD | A7 | A9 | | | | A11 | A6 | VDD | R |
| T | VSS | $\overline{\text{RESET}}$ | A13 | | | | A14 | A8 | VSS | T |
| | 1 | 2 | 3 | 4 | 5 | 6 | 7 | 8 | 9 | |

图 3.18　H5TQ4G63AFR-RDC 引脚排列

## 3.4.2　Flash 芯片

Flash 全称为 Flash EEPROM Memory，简称闪存，它结合了 ROM 和 RAM 的长处，不仅具备电擦除可编程性能，还可快速读取数据，并且断电数据不会消失。Flash 技术源自 EEPROM，EEPROM 从 EPROM 的紫外线擦除发展到电擦除后得到了广泛应用，如 SPI 接口的 93CXX 系列存储器，以及 I²C 接口的 24CXX 系列存储器，这些 EEPROM 容量都比较小，通常用来存储一些小数据，如系统的配置信息，目前在一些 MCU 中还有应用。

Flash 在数据存储量和读写速度上都有极大发展，目前分为两种规格：NOR Flash 和 NAND Flash。

### 1. NOR Flash

NOR Flash 把存储单元并行连到位线和地线上，可实现按位随机访问，具有分离专用的控制线、地址/数据线（和 SRAM 类似），以字节的方式进行读写，常见为 SOP-8、SOP-16 封装，采用 SPI 接口，主流容量为 1～128Mbit，在 1～4Mbit 的小容量时具有很高的成本效益，通常用作程序存储器。NOR Flash 和 NAND Flash 相比，读取速度较快，但是写入速度较慢（NAND Flash 擦除时间典型值为 4ms，NOR Flash 的擦除时间典型值为 5s）。在低速的 51 系统中，程序可以直接运行在 NOR Flash 上；在高速的 ARM 系统中，程序需要先从 NOR Flash 中引导到 RAM 系统中，然后在 RAM 系统中运行。

GD25Q256DYIS 是一款 SPI NOR Flash 芯片，容量为 256Mbit，工作电压为 3.3V，支持在 2.7～3.6V 的电压下工作，提供单通道、双通道和四通道 SPI 工作模式。在四通道 SPI 模式下，数据吞吐量可达 416Mbit/s（时钟频率为 104MHz），数据可保留 20 年，编程/擦除周期达 10 万次。图 3.19 所示为 GD25Q256DYIS 引脚图。

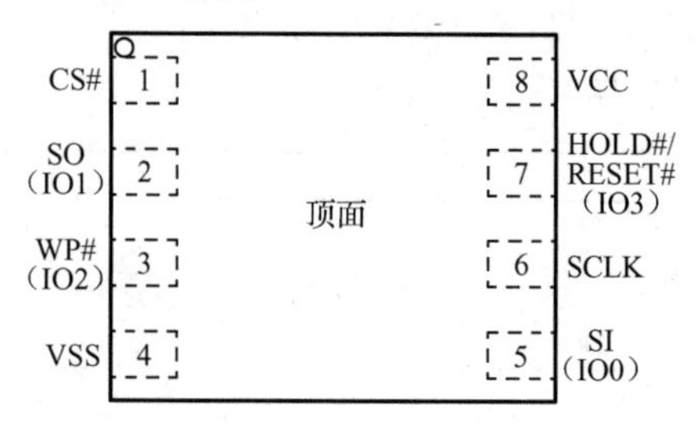


图 3.19　GD25Q256DYIS 引脚图

### 2. NAND Flash

NAND Flash 将多个（通常为 8 个或 16 个）存储单元串联，极大地缩小了单元尺寸，降低了大容量存储器的制造成本。NAND Flash 的地址/数据线是共用的，没有专用的地址线，不能直接寻址，需要通过一个间接的、类似 I/O 接口的接口来发送命令和地址进行控制，导致读取速度稍慢于 NOR Flash。由于多个存储单元串联，因此其擦除和写入速度都远快于 NOR Flash，但这也导致 NAND Flash 只能以页的方式进行访问，容量通常为 512B 的整数倍。

NAND Flash 本身存在一定的特性，要正常使用，必须配备对应的管理机制，主要有以下几种。

（1）NAND Flash 存在位翻转和位偏移，如原本存储的 0101 有一定概率会变成 1010，因此需要配备检测和纠错机制。

（2）NAND Flash 在出厂时会有坏块（坏块出厂时会被标识出来，其所占比例很低），在使用过程中也可能产生坏块，需要及时标识，因此需要配备动态和静态坏块管理机制。

（3）NAND Flash 有写入寿命的限制，每个块都有擦写寿命，因此需要配备平衡读写机制，让整体的块能够均衡地被使用到。

（4）NAND Flash 是先擦后写，集中擦写的强电流会对周边块产生影响，因此需要配备垃圾回收、均衡电荷散射等机制。

另外，为了进一步提高存储容量、降低制造成本，NAND Flash 又发展出 SLC（Single-Level Cell，单层单元）、MLC（Multi-Level Cell，双层单元）、TLC（Trinary-Level Cell，三层单元）、QLC（Quad-Level Cell，四层单元）和 PLC（Penta-Level Cell，五层单元）储存技术，每多一层就可多存储 1bit 信息，容量成倍上升，但数据读写速度、可靠性和擦写次数均有不同程度的下降，如 SLC 的擦写次数约可达到 10 万次，QLC 的擦写次数仅能达到 150 次。

因此，NAND Flash 的读写需要特定的机制和算法，通常由专用的控制芯片完成，也可由核心 CPU 通过专门的驱动程序完成，但这会带来额外的 CPU 负荷。

GD5F4GQ6REYIG 是一款容量为 4Gbit 的 SLC NAND Flash 芯片，工作电压为 1.8V，支持在 1.7～2.0V 的电压下工作，提供单通道、双通道和四通道 SPI 工作模式。在四通道 SPI 模式下，数据吞吐量可达 320Mbit/s（时钟频率为 80MHz），数据可保留 10 年，编程/擦除周期达 10 万次。图 3.20 所示为 GD5F4GQ6REYIG 引脚图。

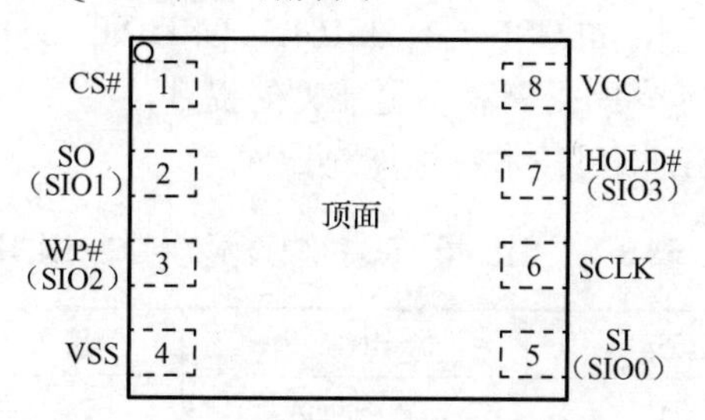


图 3.20　GD5F4GQ6REYIG 引脚图

## 3.4.3　通道扩展复用芯片

无论是普通的 MCU，还是高性能的主控芯片，其用于 I/O 的引脚个数总是有限的，相对于低速的外围 I/O 设备，或者非连续业务的高速数据 I/O 设备，单独为其分配专有的 CPU 引脚无疑是一种资源的浪费，因此经常会有通道扩展的需求。

PI3L500 是一个带高阻输出的输入数为 16、通道数为 8 的多路复用 LAN 开关，由于其通道电阻和 I/O 电容较小，传播延迟小于 250ps，因此可将千兆以太网收发设备的差分输出多路复用到两个相应的 B1 或 B2 输出中的一个。PI3L500 的通道开关是双向的，传输高速信号几乎没有衰减，可实现通道间的噪声隔离，并兼容 10/100/1000 Base-T 等各种标准。PI3L500 可用于替代低压 LAN 应用中的机械继电器。图 3.21 所示为 PI3L500 原理图。

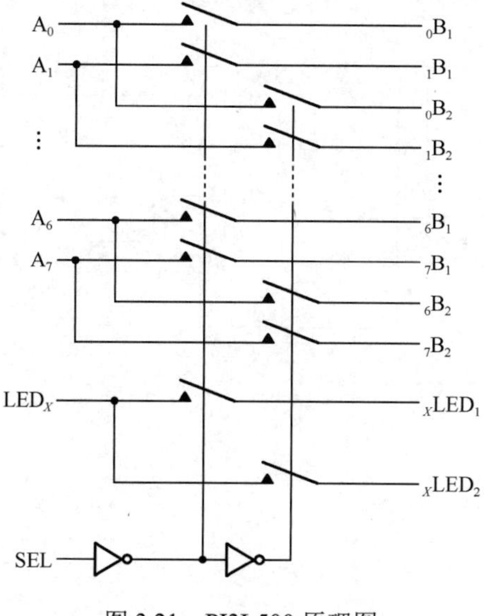


图 3.21　PI3L500 原理图

PI3L500 的工作电压为 3.3V，可适应 3.0～3.6V 的电压范围，每个通道输入的电压不得超过 5.5V，通道导通电阻约为 4Ω，通道开关速度为 9ns，采用 56 引脚的 TQFN 封装。

## 3.4.4 USB 接口保护芯片

USB 接口故障排查及解决方法

USB（Universal Serial Bus，通用串行总线）是连接计算机系统与外部设备的一种串行总线标准，也是一种 I/O 接口的技术规范。USB 接口技术从 1996 年发展至今，已有多个版本，如 USB 1.0、USB 1.1、USB 2.0、USB 3.0、USB 3.1、USB Type-C，版本的升级实现了数据传输速率的提高和供电能力的提升。

表 3.1 所示为各版本 USB 接口技术的性能对比。

表 3.1　各版本 USB 接口技术的性能对比

| 版　本 | 数据传输速率 | 供电能力 | 接口针数 | 信号线条数 |
|---|---|---|---|---|
| USB 1.0 | 1.5Mbit/s | 5V/500mA | 4 | 2 |
| USB 1.1 | 12Mbit/s | 5V/500mA | 4 | 2 |
| USB 2.0 | 480Mbit/s | 5V/500mA | 4 | 2 |
| USB 3.0 | 5Gbit/s | 5V/900mA | 9 | 6 |
| USB 3.1 | 10Gbit/s | 20V/5A | 24 | 16 |

USB 接口支持设备的即插即用和热插拔功能，但在手动插拔时极易在 USB 接口引入静电干扰，静电放电（ESD）容易造成 USB 接口工作异常，甚至造成 USB 接口所连接组件的损坏。另外，USB 接口还需要实现供电功能，并且需要具备过流、反压、过热等异常情况下的保护功能，因此通常在主控芯片的 USB 接口增加 USB 电源开关。

图 3.22 所示为 TPS255XX 系列 USB 电源开关，其工作电压范围为 2.5～6.5V，可支持 1.5A 的工作电流，开关导通电阻仅为 85mΩ，通过改变接在 ILIM 端电阻的阻值可调节触发保护动作的阈值，从 FAULT 端输出干接点信号触发保护动作，当导通接地时表示有异常情况，动作时间为 2μs。

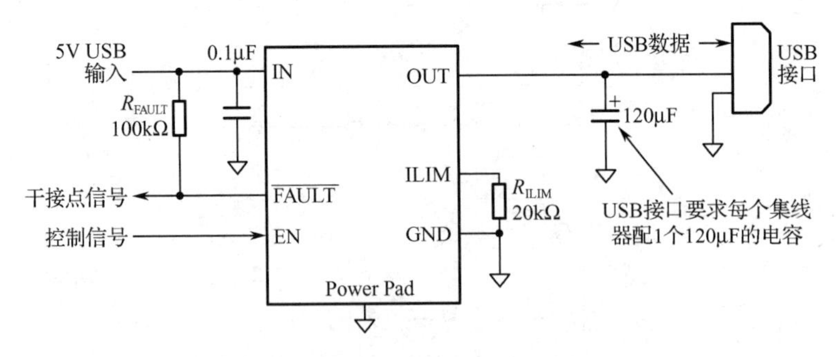


图 3.22　TPS255XX 系列 USB 电源开关

# 第4章 焊接基础知识与实践

## 知识目标

1. 了解焊接机理。
2. 熟悉焊料的种类和特点。
3. 熟悉助焊剂的作用。
4. 熟悉焊接质量要求。
5. 熟悉电烙铁的分类和结构。
6. 掌握手工焊接基本操作方法。

## 能力目标

1. 能选择合适的焊料。
2. 能选择合适的助焊剂。
3. 能选择合适的电烙铁。
4. 能正确使用电烙铁进行手工焊接。

## 素质目标

1. 培养安全至上、科学施工、精益求精的职业素养。
2. 坚持解放思想、实事求是、与时俱进、求真务实。
3. 坚持敬业奉献、自信自立、服务人民。

随着电子行业的迅速发展，焊接技术也得到了快速发展，并且在医疗、通信、航空航天等各个领域中得到了广泛的应用。焊接质量的好坏直接影响到电子产品的质量与性能，尤其是在各种精密设备中焊接质量非常重要。

广大电子爱好者及高等院校的学生经常需要自己设计电路并动手焊接 PCB 上的元器件，在设计出现问题时还需要对其进行拆焊等，这都需要用到手工焊接操作技术。在很多情况下设计电路不成功的原因是存在焊接质量问题，一个焊点不可靠就会导致整个设计出现问题，需要花费大量时间去检查，既费时又费力，而且很多时候查不出问题所在，因此必须掌握手工焊接技术。只有熟练且正确地进行手工焊接操作，才能保证焊接质量，才能在手工制作和维修时保证电子产品焊接的可靠性，并且提高工作效率。

本章从焊接机理及焊料等焊接基础知识开始，介绍电子产品手工焊接工具及相关设备，以及工业生产中常用元器件的焊接方法。

## 4.1 焊接基础知识

### 4.1.1 焊接机理

**1. 什么是焊接**

钎焊是利用熔点比母材低的金属经过加热熔化后渗入焊件接缝间隙，使焊件接合到一起实现连接的焊接方法，在钎焊过程中母材是不熔化的。其中，熔点比母材低的金属称为焊料。由于在电子工业中通常利用熔点较低的锡合金将其他熔点较高的个体金属连接在一起，因此电子产品中的焊接称为锡钎焊，本书中未作特别说明所写的焊接均指锡钎焊。

**2. 焊接温度**

焊料可以分为硬焊料和软焊料，软焊料的熔点在 450℃以下，硬焊料的熔点在 450℃以上。根据所用焊料为硬焊料还是软焊料，可将焊接分为硬钎焊和软钎焊两类。不管是硬钎焊还是软钎焊，在焊接金属时母材都是不熔化的。不对焊件施加压力是钎焊和熔焊、压焊的区别所在。

**3. 锡钎焊特点**

锡钎焊是最早得到广泛应用的电子产品焊接方法之一。锡钎焊熔点低，适合进行半导体等电子材料的连接，适用范围广，焊接方法简单，容易形成焊点，并且焊点有足够的强度和电气性能，成本低，操作简单、方便。锡钎焊过程可逆，易于拆焊。

**4. 焊接过程**

焊接过程是用熔化的焊料使焊件接合在一起的过程。当用常用的锡-铅系列焊料焊接铜和黄铜等金属时，焊料会润湿金属表面，锡金属会向母材组织扩散，在接合处形成合金层，从而达到牢固连接的目的。

### 4.1.2 焊接概念

**1. 润湿**

在光滑清洁的玻璃板上滴一滴水，水滴会在玻璃板上完全铺开，称为水对玻璃板完全润湿。如果滴的是一滴油，则油滴虽然在玻璃板上也会铺开，但却是有限铺开，而不是完全铺开，这时说油滴对玻璃板能润湿。如果滴的是一滴水银，则水银将形成一个球体在玻璃板上滚动，这时说水银对玻璃不能润湿。

焊料对母材的润湿与铺展也是一样的道理，焊接中的润湿是熔化的焊料在准备接合的固体金属表面进行充分扩散，形成均匀、平滑、连续并且附着固定合金的过程。

润湿必须具备一定的条件：首先，焊料与母材之间应能相互溶解，两种原子之间有良好的亲和力，这样焊料才能很好地填充焊缝间隙和润湿焊件；其次，焊料和固体金属表面必须“清洁”，只有这样，焊料与母材原子才能接近到能够相互吸引接合的距离，“清洁”指的是焊料与母材两者表面没有氧化层、没有污染。

（1）固体金属表面的焊料润湿情况如图 4.1 所示。

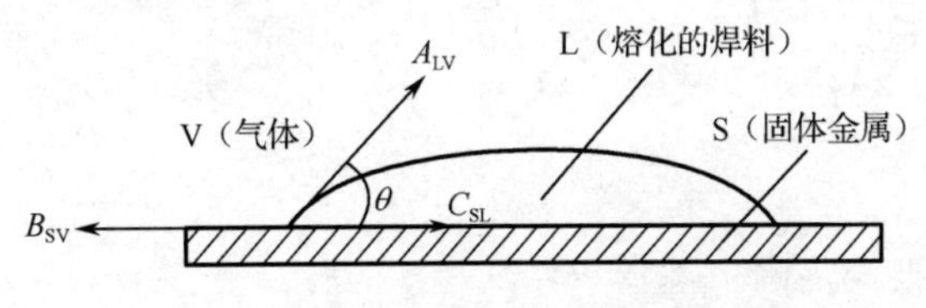


图 4.1　固体金属表面的焊料润湿情况

当固、液、气三相达到平衡时，有

$$B_{SV}=C_{SL}+A_{LV}\cos\theta$$

式中，$B_{SV}$——固体和气体之间的界面张力，即固体金属和气体之间的界面张力，称为润湿力；

$C_{SL}$——固体和液体之间的界面张力，即固体金属和熔化的焊料之间的界面张力；

$A_{LV}$——液体和气体之间的界面张力，即焊料的表面张力；

$\theta$——焊料附在母材上的接触角，也叫润湿角，即焊料和母材之间的界面与焊料表面切线之间的夹角。润湿角越小，润湿力越大。

（2）润湿角对焊接的影响。

焊料的润湿效果图如图 4.2 所示，其中 $\theta$ 的大小可反应润湿情况。$\theta$=0°表示焊料完全润湿母材；0°<$\theta$<90°表示润湿效果良好，焊料润湿母材；$\theta$=90°是润湿效果好坏的界限，表示润湿效果不太好；90°<$\theta$<180°表示润湿效果差，焊料不润湿母材；$\theta$=180°表示焊料完全不润湿母材。

通常电子产品焊接中 Cu-Pb/Sn 焊点的最佳润湿角为 15°～45°。

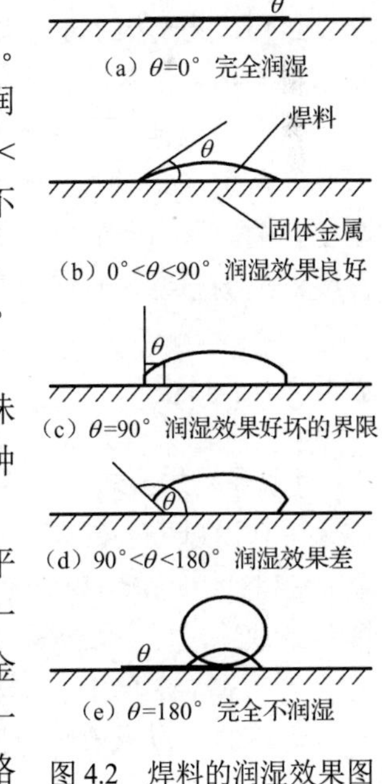


图 4.2　焊料的润湿效果图

**2. 扩散**

在房间中打开香水的瓶子，过一会儿整个房间中都会有香水的味道；将一滴墨水滴入一个装满清水的杯子，很快水就变色了。这两种现象都是扩散现象，如图 4.3 所示。

在金属中同样存在扩散现象，对一个铅块和一个金块表面进行平整加工后将其紧紧压在一起，经过一段时间后发现两者“粘”在了一起，将它们分开之后发现在银灰色铅块的表面上有金光闪烁，而在金块的表面上也有银灰色铅的痕迹，这种现象说明：两种金属接近到一定距离是能相互“入侵”的，界面晶体紊乱导致部分原子从一个晶格点阵移到另一个晶格点阵，这就是金属学中的扩散。

图 4.3　扩散现象

金属之间发生扩散要满足两个基本条件。

（1）距离要足够小：两种金属必须接近到具有足够小的距离，这样两种金属原子之间的引力才能产生作用，才能达到金属扩散的要求。如果金属表面不够平整光滑、不够清洁或有氧化物，就不能发生扩散，这就是为什么电子产品焊接时必须加入助焊剂、防氧化剂，其目的是清除母材表面的氧化物。

（2）温度：在一定温度下金属原子才会有足够的动能，才能使扩散进行下去，理论上在绝对零度下金属之间是不可能发生扩散的，温度要达到一定值扩散运动才会比较活跃。

**3. 合金层**

焊接时熔化的焊料向母材组织扩散，同时母材也向焊料扩散溶解，这种焊料和母材之间的相互扩散使得在温度冷却到室温时，焊料和母材界面上形成由焊料层、合金层和母材层组成的接头结构，此结构决定了焊接的接合强度。其中的合金层是焊料在母材界面上生成的，焊料层和母材层称为扩散层。

合金层最佳厚度为 1.2～3.5μm，当厚度小于 0.5μm 时，合金层太薄，几乎没有抗拉强度；当厚度大于 4μm 时，合金层太厚，接合处几乎没有弹性，抗拉强度也很小。合金层的质量与厚度有关。影响合金层质量的因素有焊料的合金成分和氧化程度、助焊剂的质量、母材的氧化程度、焊接温度与时间，只有这些条件都满足要求，才能获得良好的焊接效果。

## 4.1.3　焊料

**1. 焊料的要求**

焊料可以分为硬焊料和软焊料。焊料是易熔金属，在焊接过程中，焊料在母材表面形成合金，将焊接点连在一起。焊料的性能在很大程度上决定了焊接接头的质量，为了满足焊接要求，焊料必须满足以下要求。

（1）焊料必须由与母材不同的金属组成，焊料的熔点要比母材的熔点低，熔化温度要合适，一般焊料的熔点应该比母材的熔点至少低几十摄氏度。

（2）焊料在熔化温度下必须能很好地润湿母材，要具有良好的流动性，同时与母材之间要有良好的扩散能力和溶解能力，以很好地填充焊缝间隙，获得牢固的焊接接头。

（3）焊料的组成成分要稳定、均匀，不应存在对母材有害的元素。

（4）焊料的热膨胀系数应与母材接近，从而避免焊缝产生裂纹，焊料还应不易被氧化，满足焊接接头的质量要求。

**2. 锡铅焊料和无铅焊料**

锡是一种质地较软的、常温下呈银白色的金属，元素符号为Sn，熔点是232℃，化学性质很稳定，在常温下不易被氧气氧化，所以它经常保持银闪闪的光泽。锡无毒，人们常把它镀在铜锅内壁上，以防止铜与温水反应生成有毒的铜绿。锡在常温下富有展性，特别是在100℃时，展性非常好，可以展成极薄的锡箔。但是，锡的延性却很差，一拉就断，不能拉成细丝。

纯铅是一种浅青白色软金属，元素符号为Pb，熔点是327℃，塑性好，有较高的抗氧化性和抗腐蚀性。铅的电导率很高，可以很好地传递电流。铅属于对人体有害的重金属，在人体中积蓄会引起铅中毒。铅的机械性能很差。

锡、铅两种金属各有各的优缺点，但是锡铅合金却具备两者都不具有的优点，而且锡铅合金的熔点与两种金属在合金中所占的比例有关，比例不同，熔点不同，性能也就不同。

手工焊接主要用到的是焊锡丝。目前主要有两种焊锡丝，按成分不同可分为有铅焊锡丝和无铅焊锡丝。

（1）有铅焊锡丝［见图4.4（a）］：Sn/Pb=63/37，即有63%的锡、37%的铅，熔点为183℃左右，焊接温度为350℃±20℃。

（2）无铅焊锡丝［见图 4.4（b）］：Sn/Cu=99.3/0.7，即有 99.3%的锡、0.7%的铜，熔点为227℃左右，焊接温度为380℃±20℃。

当使用烙铁头进行手工焊接时，烙铁头的温度应在焊料熔点的基础上加150℃左右。

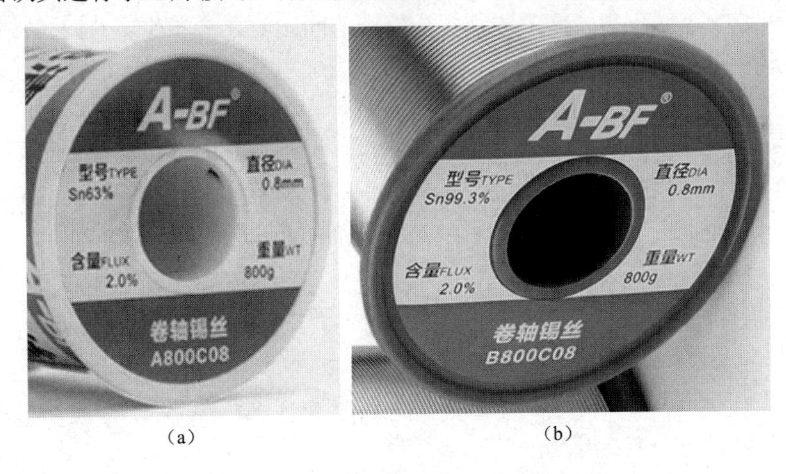


（a）　（b）

图4.4　有铅焊锡丝和无铅焊锡丝

有铅焊锡丝和无铅焊锡丝的区别如下。

（1）有铅焊锡丝的熔点低于无铅焊锡丝的熔点。

（2）在外观方面，有铅焊锡丝比无铅焊锡丝略微灰暗一些；在硬度方面，有铅焊锡丝比无铅焊锡丝稍微软一些。

（3）有铅焊锡丝和无铅焊锡丝在空气中停留的时间太长会产生相应的氧化物，无铅焊锡丝比有铅焊锡丝更容易产生氧化物，有铅焊锡丝的焊点光滑、有金属光泽，无铅焊锡丝的焊点条纹较明显、暗淡。

（4）无铅焊锡是为了减小对环境的影响而引入的。它在焊接过程中释放的有害物质较少，对环境和人体健康影响相对较小。使用无铅焊锡因对环境和人体健康影响较小而成为焊接领域的趋势，许多国家和地区已经制定法规来限制或禁止使用有铅焊锡，鼓励使用无铅焊锡。

**3. 松香芯焊锡丝**

在焊接过程中使用多少助焊剂是很难掌握的，为了提高工作效率，松香芯焊锡丝被广泛使用。松香芯焊锡丝有一芯和多芯之分，如图 4.5 所示。使用松香芯焊锡丝，在焊接过程中会引起松香飞溅，这是因为在焊接过程中温度急剧升高，松香芯的出口被焊锡堵住，在焊锡熔化的瞬间松香就会飞溅。因此，在焊接过程中切忌把焊锡直接放在烙铁头上。

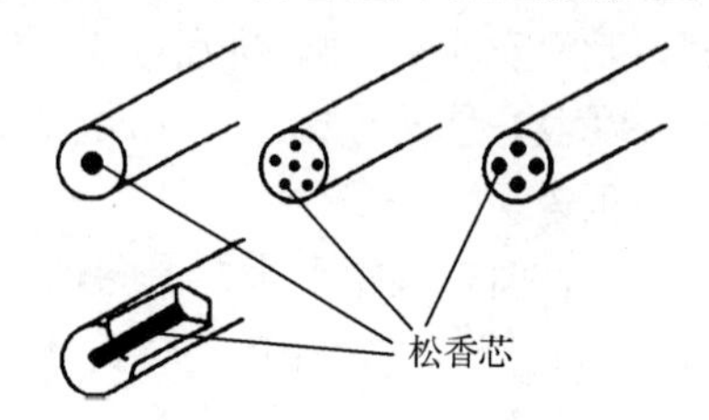


图 4.5　松香芯焊锡丝

## 4.1.4　助焊剂

**1. 助焊剂的作用**

在焊接过程中，熔化的焊料要在母材表面充分润湿和扩散，只有这样才能达到良好的焊接效果，而润湿和扩散必须在金属原子达到相互作用的间距时才会发生。人们通常使用的接线端子或导线及元器件引线等都是金属制品，它们都存在于空气中，很多元器件引线都存在不同程度的氧化，而且还有可能附带污染，这会严重影响焊接效果。

为了在焊接之前将这些氧化物和污物清除干净，达到良好的焊接效果，必须采用一些方法来去除这些氧化物和污物。通常可采用机械方法和化学方法，机械方法是指用锉刀或砂纸去除，化学方法是指用助焊剂去除，手工焊接所用到的钎剂就是助焊剂。

（1）去除母材和焊料表面的氧化膜。

在焊接过程中，要得到一个好的焊点，焊件必须有一个完全无氧化膜的表面，只有去除氧化膜，才能使母材和焊料的原子达到相互作用的间距，使母材和焊料充分润湿。但金属氧化膜一旦曝露在空气中就会生成氧化层，这种氧化层会阻隔焊接，如图 4.6 所示，而且无法用传统溶剂清洗，必须使用助焊剂去除。

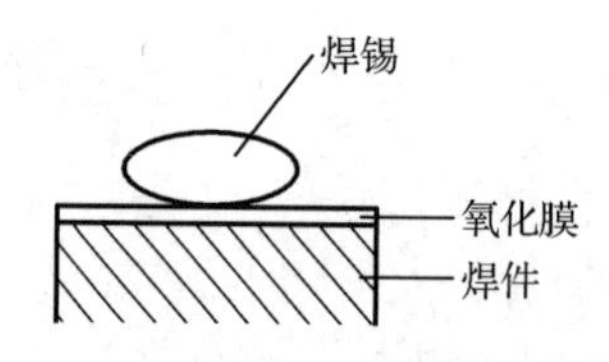


图 4.6　氧化层阻隔焊接示意图

（2）增加焊料流动性。

焊料与母材之间的润湿性需要改善，以减小焊料的表面张力，增加焊料流动性。如果焊料的表面张力很大，焊料在母材表面就不能很好地润湿，助焊剂的加入可以去除焊料表面的氧化物，减小焊料的表面张力，有助于焊料的润湿，使焊料流动顺畅。助焊作用示意图如图 4.7 所示。

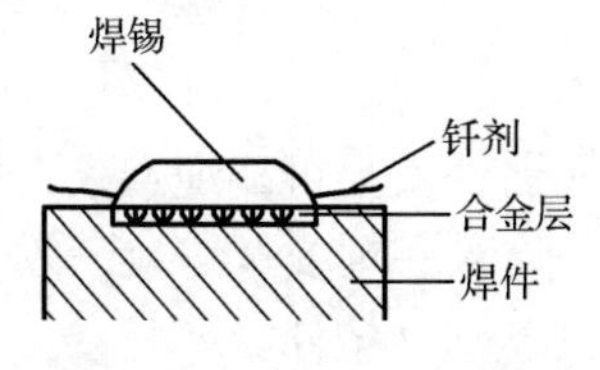


图 4.7　助焊作用示意图

（3）防止焊接过程中高温氧化金属面。

在焊接过程中，因为随着焊接温度的升高，金属表面的氧化速度会加快，所以助焊剂在去除氧化物的同时，必须在焊锡及金属表面上形成一层薄的保护膜，包裹住金属，使其与空气隔绝，避免在加热过程中金属与空气接触被氧化。防氧化作用示意图如图 4.8 所示。

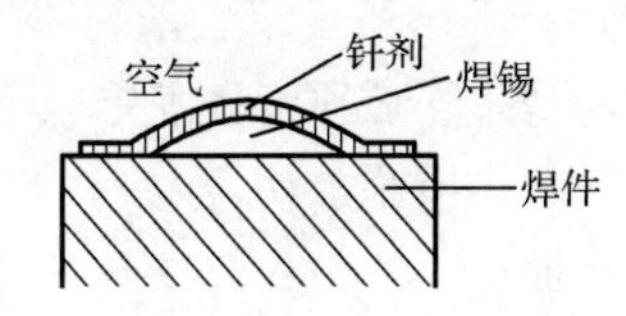


图 4.8　防氧化作用示意图

国际上主要依据 IPC-J-STD-004《助焊剂要求》对助焊剂进行分类：按固体（不挥发物）的主要化学成分，可分为松香（RO）助焊剂、树脂（RE）助焊剂、有机（OR）助焊剂和无机（IN）助焊剂；按助焊剂或助焊剂残留物的腐蚀性或导电性，可分为低（L）活性助焊剂、中等（M）活性助焊剂和高（H）活性助焊剂；按形态，可分为固态助焊剂、液态助焊剂、膏状助焊剂，如图 4.9 所示。

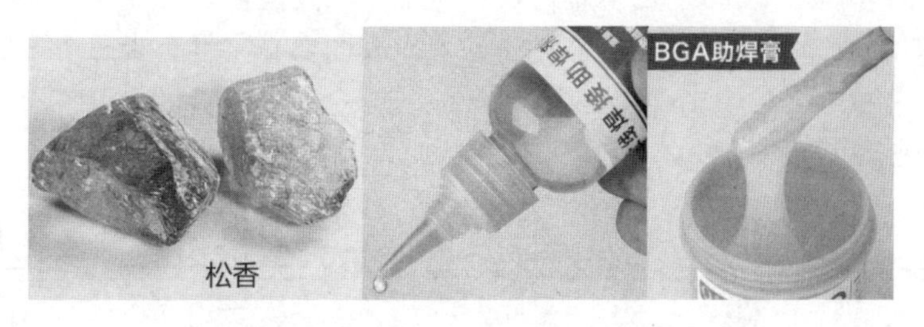


图 4.9　固态助焊剂、液态助焊剂、膏状助焊剂

**2．助焊剂的选择**

在选择助焊剂时首先要考虑被焊金属的焊接性能及氧化、污染等情况，其次要考虑元器件引线所镀金属的焊接性能。此外，还要考虑焊接方式和助焊剂的具体用途。

对于焊接性能较强的铂、金、铜、银、锡等金属，为了减轻助焊剂对金属的腐蚀，可选用松香助焊剂。尤其是在进行手工焊接时，用得比较多的是松香芯焊锡丝。对于焊接性能稍弱的铅、黄铜、青铜等金属，不能选用松香助焊剂，可选用有机助焊剂中的中性助焊剂。对于焊接比较困难的锌、铁、锡、镍合金等金属，可选用酸性助焊剂，但是酸性助焊剂有腐蚀作用，所以焊接完毕后必须对残留的酸性助焊剂进行清洗。

对于手工焊接，可使用活性焊锡丝、固态助焊剂、液态助焊剂和膏状助焊剂。但是 PCB 的自动焊接中的浸焊、波峰焊一定要使用液态助焊剂。

### 4.1.5 焊接质量要求

焊点是使电子产品整机中各个元器件安全可靠地连接在一起的主要结构，焊点质量直接影响电子产品的可靠性及稳定性，因此焊点必须安全可靠，本节对焊点进行详细介绍。

要想获得合格的焊点，要满足以下几个条件。

（1）保证被焊金属具有良好的可焊性。

（2）保证被焊金属表面清洁。

（3）选择合适的助焊剂。

（4）选择合适的焊料。

（5）焊接温度要适当。

（6）焊接时间要适当。

（7）在焊料冷却和凝固之前，被焊部位必须可靠固定，不允许出现碰动、摆动、抖动等现象，焊点应自然冷却，必要时可采取散热措施加快冷却。

一个合格的焊点应该具备以下特征。

（1）良好的焊点外观。

① 焊接质量良好的焊点，表面要清洁、光滑，有金属光泽。如果表面有污垢或焊接之后的残渣，则可能会腐蚀元器件引线、焊盘及 PCB。如果吸潮，则可能会造成局部短路或漏电。

② 焊点表面不应有毛刺、空隙、拖锡等，这样不仅会影响焊点的美观，而且会带来意想不到的危害，尤其是在高压电路中可能会产生尖端放电，导致电子产品损坏。

③ 焊点表面应无异样，否则可能会产生焊点的虚焊、假焊现象，导致焊点不可靠。

④ 不能搭焊、碰焊，以防止发生短路。

⑤ 焊锡量要合适，不能过多也不能过少，焊点表面要平整且有半弓形下凹，与工件交界处要平滑过渡，接触角小。

合格焊点外观如图 4.10 所示。焊盘大小比例要合适。

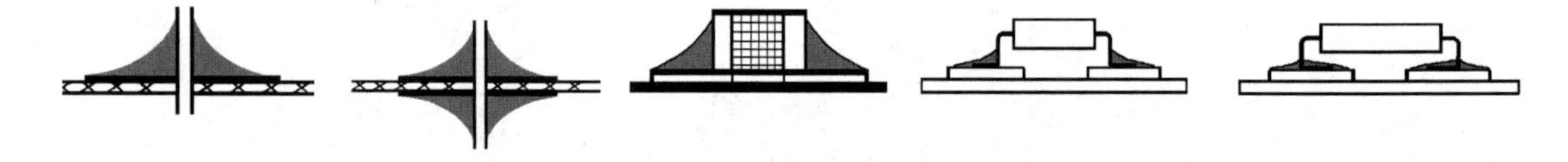

图 4.10　合格焊点外观

（2）焊点应实现可靠的电气连接。

焊点的作用主要有两个：一是将两个或两个以上元器件通过焊锡连接起来；二是具有良好的电气特性，实现可靠的电气连接。

一个焊点要能稳定、可靠地通过一定大小的电流，没有足够的连接面积和稳定的组织是不行的，因为锡焊连接不是靠压力，而是靠接合层形成牢固连接的合金层达到电气连接目的的。如果仅将焊料堆在焊接元器件表面，则会形成虚焊，或者只有少部分形成合金层，这样在测试和初期工作中也许不易发现焊点不牢，但是随着工作条件的改变和时间的推移，接合层氧化后有可能出现脱焊现象，电路就会产生时通时断或干脆不工作的现象。这时通过眼睛观察焊接 PCB 外表，电路依然是连接的，即用眼睛是不容易检查出来问题的，这是电子设备使用过程中最令人头疼的问题。因此，焊点必须实现可靠的电气连接。

（3）焊点应具有足够高的机械强度。

焊接不仅起电气连接的作用，还起固定元器件、保证机械连接的作用。电子产品需要适应各种工作环境，为了保证在震动工作环境中焊件不松动、不脱落，焊点必须具有足够高的机械强度，以保证电子产品的安全可靠。作为锡焊材料的铅锡合金本身强度是比较低的，常用的铅锡焊料抗拉强度为3～47kg/$cm^2$，只有普通钢材的1/10，要想提高抗拉强度，就要有足够的连接面积。提高机械强度不代表用过多的焊料进行堆积，这样容易造成虚焊、假焊等问题。

在焊接时，焊点的下列几种缺陷对其机械强度具有一定的影响。

① 出现了虚焊现象，这时焊料是堆在焊盘上的，焊点的机械强度极低。

② 焊料未流满焊点或焊料过少，这时焊点的机械强度较低。

③ 在焊接时，焊料尚未凝固就使焊接元器件震动从而导致焊点结晶粗大（豆腐渣状），或者有裂纹，从而影响机械强度。

## 4.2　焊接实践

手工焊接是焊接技术应用的基础，尽管现代化企业已经普遍使用自动插装、自动焊接的生产工艺，但产品试制、产品维修、小批量生产产品、生产具有特殊要求的高可靠性产品（如航空航天领域中火箭、人造卫星的制造等）等仍采用手工焊接技术。即使PCB这样小型化、大批量采用自动焊接方法生产的产品，也还有一定数量的焊点需要手工焊接，目前还没有任何一种焊接方法可以完全取代手工焊接。因此，在培养高素质电子技术人员、电子操作工人的过程中，手工焊接是必不可少的训练内容。

同时手工焊接是一项实践性很强的技能，在了解一般方法后要多实践，以获得较好的焊接质量。

介绍热风枪

### 4.2.1　电烙铁的分类、结构和选择

#### 1. 内热式电烙铁和外热式电烙铁

电烙铁根据结构不同可以分为内热式电烙铁和外热式电烙铁，如图4.11所示。

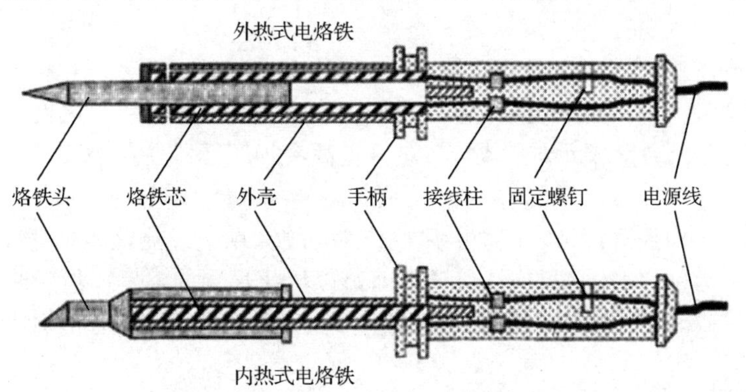


图4.11　内热式电烙铁和外热式电烙铁的基本结构

（1）内热式电烙铁：烙铁芯安装在烙铁头内部，故名内热式电烙铁，具有热得快、加热效率高、体积小、质量轻、耗电量少、使用灵活等优点，但发热丝寿命较短，因为体积的限制（电

源在电烙铁里)，所以多数内热式电烙铁的功率没有外热式电烙铁的功率大，其功率一般在 50W 以下。

（2）外热式电烙铁：因烙铁芯在烙铁头的外面而得名，既适用于焊接大型元器件，也适用于焊接小型元器件。烙铁芯在烙铁头的外面导致其加热效率低，功率可以做得很大，有 25W、30W、50W、75W、100W、150W、300W 等多种规格，代价是体积较大，较为笨重，焊接小型元器件时不方便，但它的烙铁头寿命较长。

### 2. 恒温可调温式电烙铁

恒温可调温式电烙铁的烙铁头内部装有带磁铁式的温度控制器，通过控制通电时间可实现温度控制。当给电烙铁通电时，烙铁头的温度上升，当达到预定的温度时，强磁体传感器因温度达到居里点磁性消失，从而使控制开关的触点断开，这时便停止向电烙铁供电；当温度低于居里点时，强磁体传感器便恢复磁性，并吸动磁芯开关中的永久磁铁，使控制开关的触点接通，继续向电烙铁供电。如此循环往复，便达到了控制温度的目的。同时电烙铁内部有功率控制器，通过改变功率，一般可调节的温度范围为 200～450℃，最大功率为 60W。恒温可调温式电烙铁如图 4.12 所示。

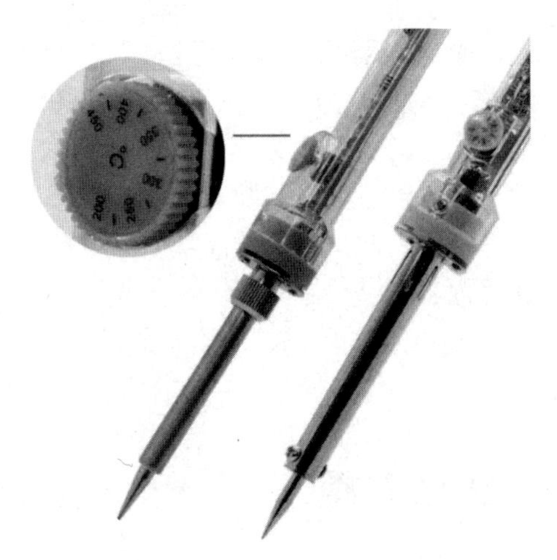

图 4.12　恒温可调温式电烙铁

### 3. 热风枪

热风枪是手机维修中用得最多的工具之一，使用热风枪的工艺要求也很高。从取下或安装小元件到取下或安装大片的集成电路都要用到热风枪。不同的场合对热风枪的温度和风量等有不同的要求，温度过低会造成元器件虚焊，温度过高会损坏元器件及 PCB；风量过大会吹跑小元件。

热风枪的基本工作原理：先将微型鼓风机作为风源，用电发热丝加热空气流，并且使空气流的温度达到高温 100～480℃且连续可调，即可以熔化焊锡的温度；然后通过风嘴导向加热要焊接的零件、作业区进行工作，可以根据元器件的大小选择不同口径的风嘴。热风枪和风嘴如图 4.13 所示。

### 4. 热风枪焊台

热风枪焊台将热风枪和电烙铁合为一体，支持精确控制温度，具有数字显示屏，可直观显示温度和风量，满足大部分焊接、拆焊需求，如图 4.14 所示。

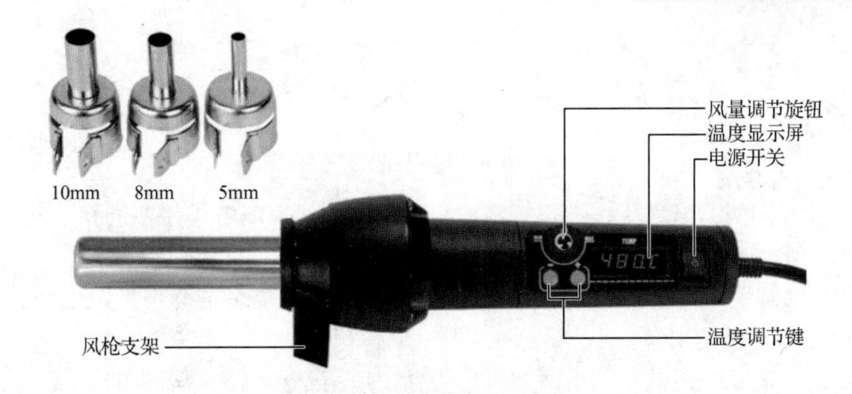


图 4.13　热风枪和风嘴

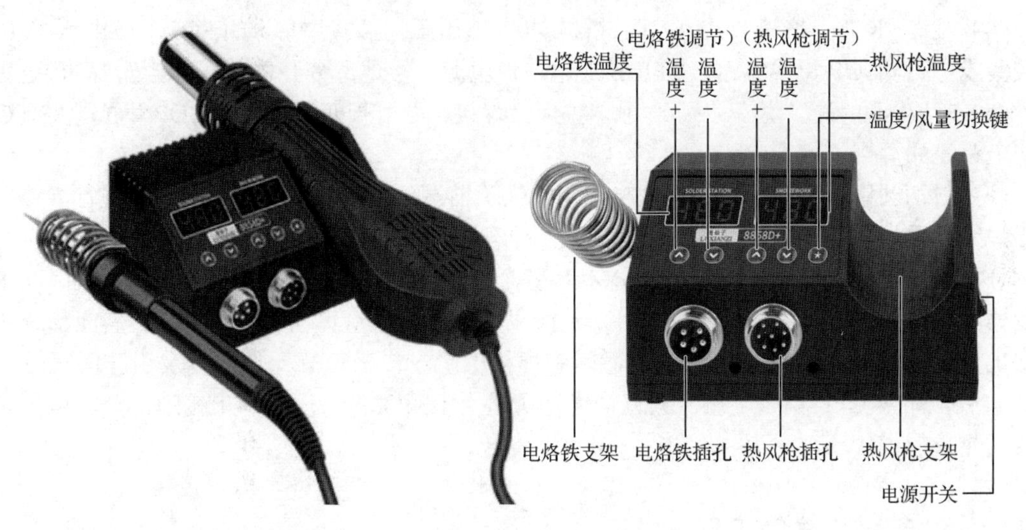


图 4.14　热风枪焊台

加热和休眠：电烙铁手柄具备磁感应控制休眠功能，拿起为唤醒并回温状态，放回为待机休眠状态，使用方便，可以延长寿命，节能环保。

温度和风量设置：当在热风枪显示屏上显示设置的数值时，按 UP 键或 DOWN 键来设置所需要的温度和风量值，数秒后不按将自动退出。按温度/风量切换键，可以在温度和风量两个功能间切换。

关机：不使用时不能直接关机或拔掉电源，需要将热风枪手柄放置在热风枪支架上，待热风枪休眠后方可关机。

#### 5. 电烙铁的选择

如果平常只进行一些简单的电子制作或维修，则选择普通的电烙铁即可。对于特殊元器件，如受热易损的元器件的焊接，或者需要设定某个具体温度的焊接，可以选择恒温可调温式电烙铁。如果有足够的预算，则可以选购多功能的焊台或电烙铁和热风枪二合一的产品。

选择合适的烙铁头可以提高工作效率和质量。烙铁头的选择非常重要，它会影响焊接效果和电烙铁的寿命，更重要的是根据不同的封装形式它会发挥不同的作用。选择烙铁头主要考虑以下因素：①根据焊点大小和焊点密集程度选择烙铁头的大小；②根据焊接元器件种类、焊点接触容易程度和焊锡量需求选择烙铁头的形状。烙铁头的形状（见图 4.15）按照上锡位置和外观分为以下几种。

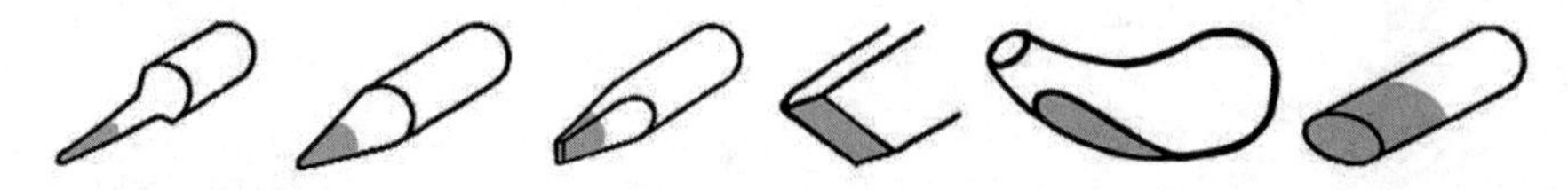

图 4.15　烙铁头的形状

（1）尖头（长圆头）烙铁头：尖端细，适用于精细焊接，或者焊接空间狭小的焊接，也可以修正焊接时产生的锡桥。

（2）圆锥形（圆头）烙铁头：无方向性，整个烙铁头前端均可进行焊接，适用于一般焊接，无论焊点大小，都可以使用。

（3）一字形（凿状）烙铁头：用两边进行焊接，适用于焊锡量需求大的焊接，如焊接面积大、粗端子、焊垫大条件下的焊接。

（4）刀式（K 形）烙铁头：用刀面进行焊接，适用于拖拉式焊接，如 SOJ 集成电路、PLCC 封装集成电路、SOP 集成电路、QFP 集成电路、电源、接地部分元器件、连接器等的焊接。

（5）H 形（鸭嘴状）烙铁头：适用于拉焊式焊接，如引脚间距较大的 SOP 集成电路、QFP 集成电路等的焊接。

（6）斜切圆柱形（马蹄状）烙铁头：用烙铁头前端斜面部分（一般呈 45°）进行焊接，适用于焊锡量需求大的焊接，如焊接面积大、粗端子、焊点大条件下的焊接。有的烙铁头只有斜面部分有镀锡层，焊接时只有斜面部分才上锡。微型烙铁头非常精细，适用于焊接细小元件，或者修正表面焊接时产生的锡桥、锡柱等。如果焊接只需少量焊锡，则使用只在斜面部分有镀锡层的烙铁头比较适合。中型烙铁头适用于焊接电阻、二极管等元件，以及引脚间距较大的 SOP 集成电路及 QFP 集成电路。大直径烙铁头适用于粗大端子、PCB 上接地部分、电源等需要较大热量的焊接场合。

### 4.2.2　焊接前的准备工作

在进行焊接操作之前首先要对焊接环境进行清理，工作台面要干净、整洁，并且要提前准备好各种工具和辅料，除了前面提到的焊料、助焊剂、电烙铁，还包括以下工具和辅料。

（1）镊子。

镊子的主要作用是夹起和放置贴片元器件，如在焊接贴片电阻时，可用镊子夹住电阻放到 PCB 上进行焊接。要求镊子前端尖且平，以便夹持元器件。另外，对于一些需要防静电的集成电路，需要用到防静电镊子。防静电镊子又叫半导体镊子、导静电镊子，能防静电，采用碳纤与特殊塑料混合制成，具有良好的弹性，轻便且经久耐用，不掉灰，耐酸碱、耐高温，可避免像传统防静电镊子一样因含炭黑而污染产品，适用于半导体元器件、集成电路等精密元器件的生产及其他特殊使用场合。

（2）吸锡带。

在焊接贴片元器件时，很容易出现上锡过多的情况。特别是在焊接密集、多引脚贴片元器件时，很容易导致相邻的两个甚至多个引脚被焊锡短路。此时，传统的吸锡器是不管用的，需要采用编织的吸锡带。

（3）焊锡膏。

在焊接难上锡的铁等材质的物品时，可以使用焊锡膏，它可以除去金属表面的氧化物，但其具有腐蚀性。在焊接贴片元器件时，有时可以利用焊锡膏来“吃”焊锡，以使焊点有金属光泽并且牢固。

（4）放大镜。

对于一些引脚特别细小、密集的贴片元器件，在焊接完毕后需要检查引脚是否焊接正常、有无短路现象，此时靠人眼检查是很费力的，可以使用放大镜，以方便、可靠地检查每个引脚的焊接情况。

（5）清洁剂。

在使用松香助焊剂时，很容易在 PCB 上留下多余的松香。为了美观，可以用无水酒精棉球或其他有机溶剂将 PCB 上残留的松香擦干净。

## 4.2.3　手工焊接基本操作方法

### 1. 电烙铁的握法

电烙铁的握法如图 4.16 所示。

（1）正握法。当使用较大的电烙铁（多为弯头电烙铁）时，一般采用正握法。正握法适用于中功率电烙铁或弯头电烙铁的操作。

（2）反握法。反握法是指用五指把电烙铁的手柄握在掌内。反握法的动作稳定，长时间操作手不易疲劳，适用于大功率电烙铁的操作，可焊接散热量较大的焊件。

（3）握笔法。一般在操作台上焊接 PCB 等焊件时，多采用握笔法。握笔法适用于小功率电烙铁的操作，可焊接散热量小的焊件，如收音机、电视机的 PCB 等。

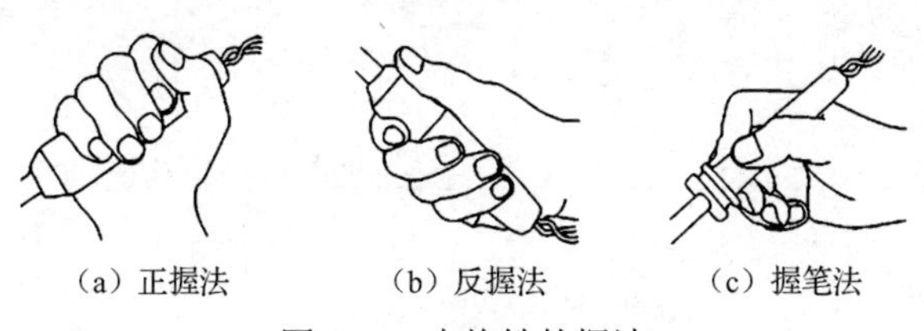

（a）正握法　　（b）反握法　　（c）握笔法

图 4.16　电烙铁的握法

### 2. 焊锡丝的拿法

焊锡丝的拿法分为两种：一种是连续焊接时的拿法，另一种是断续焊接时的拿法，如图 4.17 所示。连续焊接时用拇指、食指和小拇指夹住焊锡丝，另外两根手指配合使用，自然收掌，这种拿法在连续焊接时可以连续向前送焊锡丝，手不易疲劳。焊接某个点或几个不连续的点时采用断续焊接时的拿法。

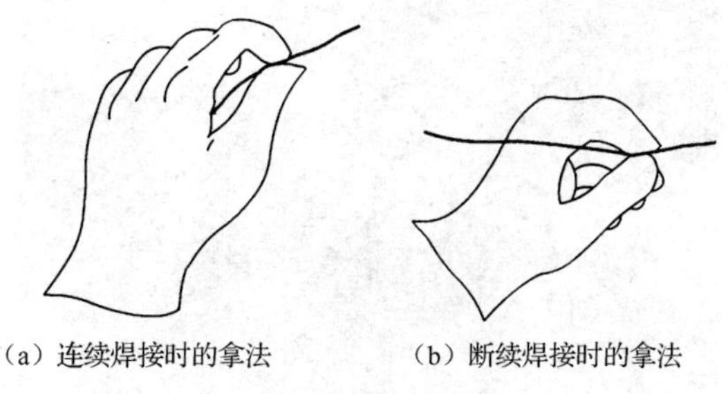

（a）连续焊接时的拿法　　（b）断续焊接时的拿法

图 4.17　焊锡丝的拿法

使用焊锡丝之前首先要清除粘在焊锡丝表面的污物，一般右手拿电烙铁，左手拿焊锡丝，手指在距离焊锡丝顶端 3～5cm 处。

### 3. 焊锡丝熔化的方法

在焊接过程中熔化焊锡丝也有一定的技巧和方法。焊锡丝熔化的方法一般有两种：一种是先加热元器件引线，然后送焊锡丝，熔化焊锡丝，如图 4.18（a）所示；另一种是先将焊锡丝放在元器件引线上，然后将烙铁头放在焊锡丝上，熔化焊锡丝，如图 4.18（b）所示。图 4.18（c）所示为错误的焊锡丝熔化方法，因为焊接时一般采用的是松香芯焊锡丝，在该操作方法中焊锡丝中的松香芯已经全部分解挥发，焊锡也被氧化，这样会影响焊锡的润湿效果。

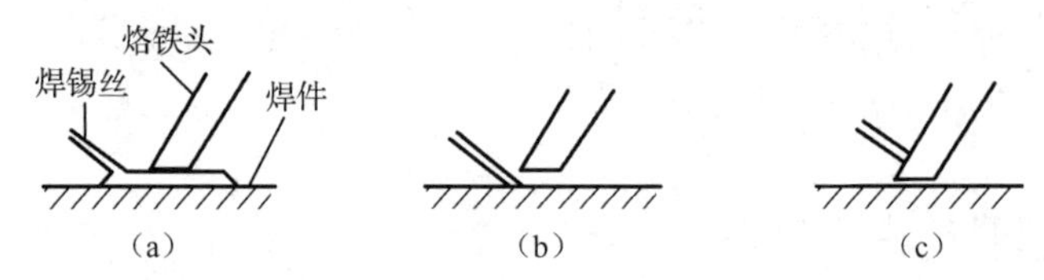


图 4.18　熔化焊锡丝的方法

### 4. 移开电烙铁的方法

焊锡丝移开之后焊点完全润湿，此时需要移开电烙铁，如果继续加热，则会导致原来合格的焊点外观遭到破坏，其外观有可能呈现无规则的粗糙颗粒状，颜色变得不明亮，从而导致焊点不合格。如果加热时间过短，则会导致不完全焊接，如“松香焊”“电渣焊”等。因此，必须等焊锡完全润湿之后才能移开电烙铁。移开电烙铁的方法会直接影响焊点焊锡量的多少及焊点的可靠性。移开电烙铁的方法如图 4.19 所示。

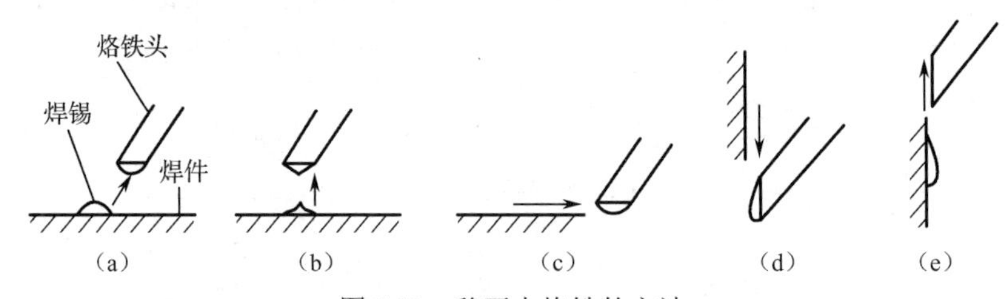


图 4.19　移开电烙铁的方法

移开电烙铁的方法不同，产生的效果也不相同，而且移开电烙铁的方法还直接影响焊点焊锡量的多少，因此必须掌握移开电烙铁的方法。

### 5. 焊接姿势

焊接时工具要摆放整齐，电烙铁要拿稳，同时要保持烙铁头的清洁。将桌椅高度调整适当，操作者要挺胸、端坐，其鼻尖与烙铁头之间的距离要在 30cm 以上，如图 4.20 所示。

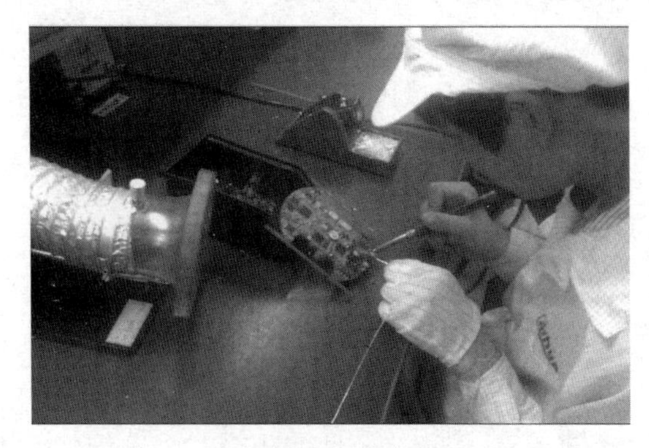

图 4.20　焊接姿势

## 4.2.4　焊接步骤

电子产品的手工焊接方法可分为两种：一种是五步焊接法，另一种是三步焊接法。

### 1. 五步焊接法

如图 4.21 所示，初学者一般从五步焊接法开始练习。

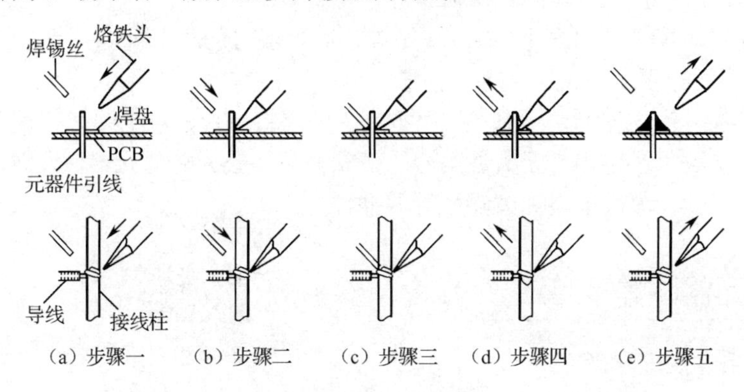


图 4.21　五步焊接法

（1）准备施焊：一般左手拿焊锡丝，右手拿电烙铁，将烙铁头和焊锡丝靠近，使其处于随时可以焊接的状态。

（2）加热焊件：将烙铁头接触待焊元器件的焊点，将上锡的烙铁头沿 45° 角的方向贴紧待焊元器件引线进行加热，使焊点升温。

（3）熔化焊锡丝：将元器件引线加热到能熔化焊锡丝的温度后，沿 45° 角方向及时将焊锡丝从烙铁头的对侧触及焊接处的表面，接触焊件熔化适量焊锡丝。

（4）移开焊锡丝：熔化适量的焊锡丝之后迅速将焊锡丝移开。

（5）移开电烙铁：焊点上的焊锡接近饱满、焊锡充分浸润焊盘和焊件、焊锡最亮、流动性最强时及时移开电烙铁。此时应注意移开电烙铁的速度和方向。大体上应该沿 45° 角的方向移开电烙铁，这样可以形成一个光亮、圆滑的焊点。完成一个焊点焊接全过程所用的时间为 3～5s 最佳，时间不能过长。

### 2. 三步焊接法

三步焊接法又称带锡焊接法，如图 4.22 所示。

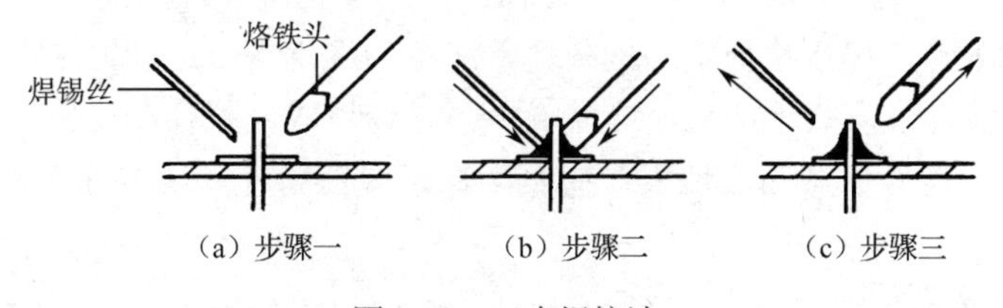


图 4.22　三步焊接法

（1）准备施焊：将烙铁头接触被焊元器件的焊点，将上锡的烙铁头沿 45° 角的方向贴紧被焊元器件引线进行加热，使其升温。

（2）同时加热焊件和焊锡丝：使待焊元器件两侧分别触及电烙铁和焊锡丝，等待元器件加热，同时熔化适量焊锡丝。

（3）同时移开电烙铁和焊锡丝：当焊锡完全润湿焊点之后，迅速移开电烙铁和焊锡丝，焊锡丝移开的时间应该略早于电烙铁移开的时间或和电烙铁同时移开，而不得迟于电烙铁移开的时间，否则焊点温度下降，焊锡凝固使焊锡丝粘连在焊点上，导致焊接不成功。

五步焊接法是焊接的基本操作方法。相比五步焊接法，三步焊接法焊接速度更快，能节省操作时间。对于初学者来说，不应急于求成直接按照三步焊接法进行操作，尤其是在焊接热容量大的元器件时，必须按照五步焊接法来操作。

建议锡铅焊料的焊接时间为1～2s，无铅焊料的焊接时间为2～3s。

### 3. 焊接元器件的顺序

在焊接元器件时应该遵循由矮到高、由小到大的焊接顺序。对于同时存在贴片元器件和插件的PCB，先焊接贴片小电阻、无极性电容、集成电路等矮的贴片元器件，然后焊接电阻、电容、二极管、三极管、集成电路和大功率管等插件。

## 4.2.5 常用元器件焊接方法

多引脚集成电路的焊接　少引脚集成电路的焊接

### 1. 贴片元器件手工焊接方法

先在一端焊盘上添加适量焊锡，然后放上待焊元器件，并且用镊子固定，给元器件一端加锡固定，固定后检查元器件是否放正，再加锡焊上另外一端，焊接完毕后检查焊接效果，最后清洁焊点，焊接完成。

### 2. 集成电路焊接方法

（1）集成电路拆卸。

将需要拆卸集成电路的PCB固定，用镊子使集成电路的一个角轻轻受力，等待热风枪加热；将预热好的热风枪垂直对准集成电路的引脚，高度为3～6mm（集成电路周围若有小的贴片，则需要将热风枪的风量调低）；对准后沿着引脚顺序平行移动，对4个边的引脚依次均匀加热；待加热到一定程度，感觉轻挑镊子已经能够将集成电路移动时，用镊子将集成电路夹起移出PCB。

（2）集成电路安装。

清理焊盘，清理干净后在焊盘上涂适量助焊剂，如果集成电路是使用过的，那么引脚上的焊锡同样需要清理；用镊子把集成电路放在焊盘上，将集成电路的引脚与PCB上的焊盘对齐，注意集成电路的方向，不能错位；对集成电路的几个引脚上锡，这样做是为了固定集成电路，防止在焊接过程中集成电路移动错位，可以固定一个点，也可以对角固定两个或多个点；加锡焊接引脚，顺着一个方向焊接集成电路的引脚，注意力度均匀、速度适中，避免弄歪集成电路的引脚，要注意先拉焊没有定位的边，这样就不会导致集成电路移动错位；需要检查集成电路的所有引脚是否有未焊好或短路的地方，如有不良需要重新焊接以消除不良点。

## 4.2.6 焊接注意事项

### 1. 焊接前

根据焊接对象合理选择不同类型的电烙铁。电烙铁应有接地线，对工作台和人体要采取防静电措施。元器件及焊点导线等在焊接之前要进行清洁，去除氧化物。无铅产品不能使用有铅焊接电烙铁及焊锡丝、助焊剂等辅料；有铅产品不能使用无铅焊接电烙铁及焊锡丝、助焊剂等辅料。

**2. 焊接中**

焊接姿势要正确。要保持烙铁头清洁。掌握好焊接的温度和时间，以及焊料用量。不能用烙铁头对元器件和焊盘施力，烙铁头的传热速度主要是靠增加烙铁头和焊件之间的接触面积来实现的，对元器件和焊盘施力不仅达不到这个效果反而会带来一些危害，造成元器件和焊盘的损伤。要注意安全，避免烫伤和触电事故的发生。注意烙铁头上应随时保持有锡，防止烙铁头被氧化从而缩短寿命。严防PCB金手指部位弄上焊锡和其他污物，不应乱甩烙铁头上的焊锡。焊接时将焊锡丝放到助焊膏盒中，不仅起不到多加助焊剂的作用，还会污染助焊膏。在熔化的焊锡凝固之前不能移动或碰触焊件，特别是在焊接贴片元器件时，一定要等焊锡凝固好之后才能移开镊子，否则会引起焊件移位，导致焊接质量不合格。

**3. 焊接后**

注意移开电烙铁的方向。电烙铁在不使用时应该放在电烙铁支架上，在长时间不使用时应该断电。电烙铁要放置正确，防止烧伤人和产品，也要远离易燃物品。仔细观察是否存在虚焊或假焊现象，虚焊是指焊点处只有少量焊锡，造成接触不良，时通时断；假焊是指表面上看好像焊住了，但实际上并没有焊住，有时用手一拨元器件引线就可以将其从焊点中拔出。

# 第5章 视频监控系统概述

## 知识目标

1. 熟悉民用级视频监控系统架构与主要功能。
2. 熟悉普通园区级视频监控系统架构与主要功能。
3. 熟悉城市级视频监控系统架构与主要功能。

## 能力目标

1. 能识别民用级视频监控系统主要设备。
2. 能识别普通园区级视频监控系统主要设备。
3. 能识别城市级视频监控系统主要设备。

## 素质目标

1. 坚决维护国家安全，防范化解重大风险，维持社会大局稳定。
2. 坚持以人民为中心的发展思想。
3. 树立提高安防行业从业者公共安全治理水平的意识。

# 5.1 民用级视频监控系统与主要设备

## 5.1.1 系统应用背景

随着国家经济的持续快速发展，人民生活水平不断提高，随之也引发了如下一些不安定因素。

（1）入室盗窃与抢劫：低矮的围墙、开放式的院落、无防盗网的低楼层阳台、打开的窗户等都容易引发不法分子入室盗窃甚至抢劫，危害人民群众的财产和生命安全。

（2）保姆照顾不周：上班族因为工作繁忙，日常难以照顾家中的老人与小孩，经常需要聘请保姆，但保姆虐待老人和小孩的事件时有报道。

## 5.1.2 系统应用策略

通过安装摄像机，设置区域入侵或绊线智能人体检测，实现当有人进出时触发报警。同时可以通过手机远程监控，实时了解家里的情况。视频存储设备用于对视频进行录像存储，支持通过时间、人体等报警事件检索录像资料。

## 5.1.3 系统架构

民用级视频监控系统一般由前端设备、视频存储设备、管理平台软件及其他设备构成，如图 5.1 所示。

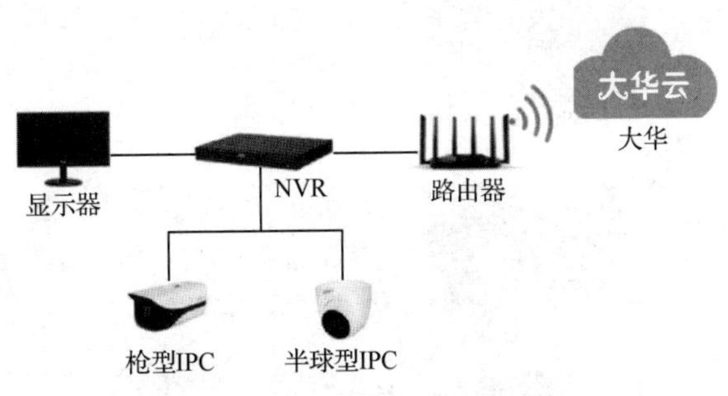


图 5.1 民用视频监控系统结构

（1）前端设备：根据不同的应用场景，选择满足使用场景要求的摄像机，如枪型 IPC、半球型 IPC，实现高清视频数据采集，为用户的日常生活提供更多的便利和安全保障。

（2）视频存储设备：采用智能 NVR 对实时视频进行分布式存储，实现存储系统的高可靠性、高可用性。

（3）管理平台软件：采用专用 App（如大华）进行功能模块化部署，其具备视频监控系统管理模块，对摄像机、NVR 等设备进行统一管理，支持高清画面实时显示、云台控制，具有录像操作、回放等功能。

（4）其他设备：如果希望在现场进行功能设置、查看画面等操作，或者在商铺展示视频以震慑不良分子，则可以配置显示器。如果想通过手机监控，则需要将 NVR 接入网络路由设备，如家中的路由器。

## 5.1.4 系统主要功能

### 1. 智能检测

通过 App 设置布控区域，当陌生人进入布控区域时，摄像机通过智能检测算法检测到“人体”，并且联动 App 报警、抓图等操作，同时用户可在第一时间知晓有人到访或闯入布控区域，起到事前警示的作用。

### 2. 报警联动

配置智能规则后，当有目标触发规则时，系统会产生报警并自动联动报警实时视频，如图 5.2 所示。在“报警消息”栏目中可以看到有 55 条未读消息，其中显示的是“动检报警”，即摄像机检测到了画面中的动态变化。

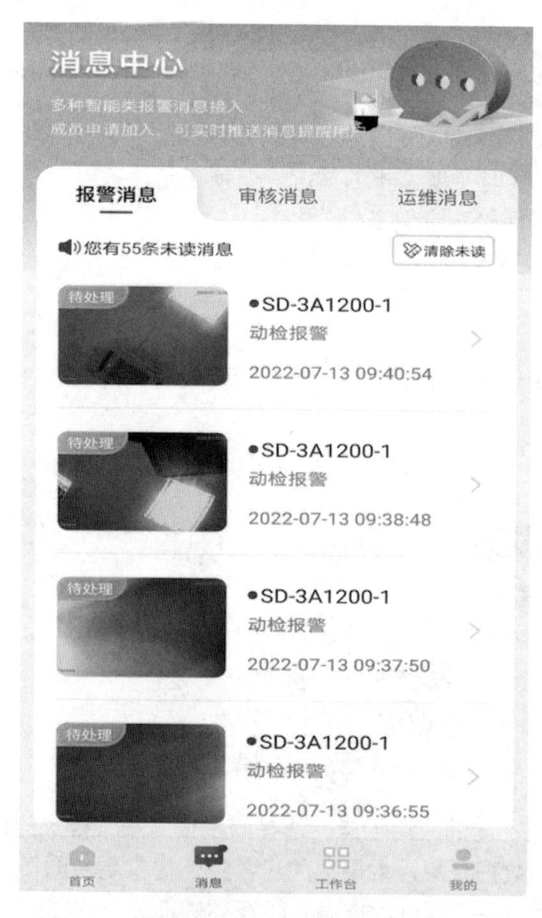


图 5.2　报警联动界面

### 3. 人机联防

人机联防是指将手机界面作为控制界面，借助云端，可随时随地查看监控设备的监控情况，并能实时接收视频报警事件，如图 5.3 所示。

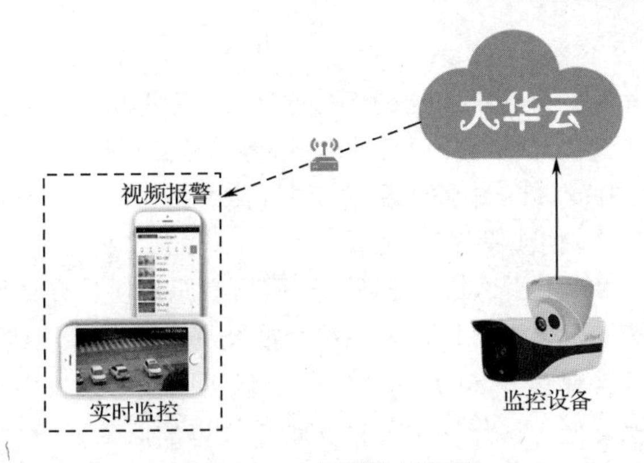


图 5.3　人机联防示意图

### 5.1.5　主要设备

1. NVR

随着网络技术的发展，通过网络对视频数据进行存储的需求越来越多，以 DVR 为核心的监控系统进一步发展成为具有网络功能的 NVR，即网络视频录像机。NVR 是网络视频监控系统的存储、转发部分，其核心功能是存储与转发视频流。

以 NVR 技术为核心的小型 NVR 系统具有规模较小、操作灵活、使用方便、经济实用等优点，其前端主要配合高清视频摄像机以支持几十路以内高清视频图像的接入，通过 NVR 技术实现高清视频图像信息的集中管理和实时存储。另外，小型 NVR 系统还支持视频图像的远程管理、预览分析，以及网络视频图像数据的实时上传、本地预览和录像回放等功能。小型 NVR 系统的总体性价比很高，并且系统简单、操作灵活，被广泛应用于企业、工厂、家庭别墅、办公场所、商铺、超市等小区域范围内需要集中进行视频监控的领域。

以大华 NVR 为例进行介绍，产品型号为 DH-NVR2216-I（见图 5.4），其主要具备的功能如下。

- 支持全新 UI 4.0 界面风格。
- 支持 6 个 1080P 自适应解码。
- 支持接入使用 ONVIF、RTSP 协议的主流品牌摄像机。
- 支持 H264/H265/Smart264/Smart265，并支持自动切换到 H265。
- 支持 VGA、HDMI 默认同源输出，HDMI 支持 4K 显示输出；支持异源输出。
- 支持 1 路后智能人脸检测比对，或 2 路后智能周界检测，或 4 路后智能动检。
- 支持人脸库：最多 10 个，共 5000 张人脸图片。
- 支持全通道前智能：人脸检测比对、周界检测和动检。

图 5.4　大华 NVR 外形示例

#### 2. IPC

IPC 是一种综合传统摄像机与网络技术产生的新一代摄像机，它可以将视频通过网络传至地球另一端，且远端的浏览者无须用任何专业软件，只要通过标准的浏览器（如 Microsoft IE）即可观看视频。IPC 一般由镜头、图像传感器、声音传感器、信号处理器、A/D 转换器、编码芯片、主控芯片、网络及控制接口等部分组成。

IPC 由网络编码模块和模拟摄像机组合而成。网络编码模块将模拟摄像机采集到的模拟视频信号编码压缩成数字信号，可以直接接入网络交换及路由设备，传送到 Web 服务器。网络上的用户可以直接用浏览器观看 Web 服务器上的摄像机图像，授权用户还可以控制摄像机云台镜头的动作或对系统配置进行操作。IPC 能实现更简单的监控（特别是远程监控）、更简单的施工和维护、更好的音频支持、更好的报警联动支持、更灵活的录像存储、更丰富的产品选择、更高清的视频效果和更完美的监控管理。另外，IPC 支持 Wi-Fi 无线接入、4G 接入、POE（以太网供电）和光纤接入。

以大华 IPC 为例进行介绍，产品型号为 DH-NVR2216-I（见图 5.5），其主要具备的功能如下。

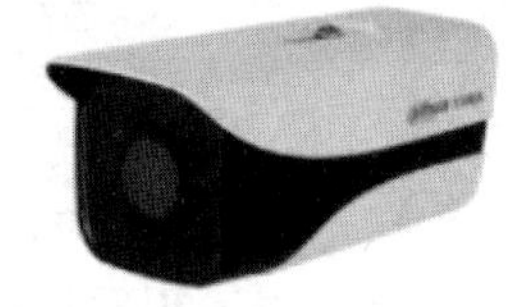

图 5.5　大华 IPC 外形示例

- 采用高性能 200 万像素 1/2.8in CMOS 图像传感器，低照度效果好，图像清晰度高。
- 最大可输出 200 万（1920×1080）@25fps。
- 支持 H.265 编码，压缩比高，可实现超低码流传输。
- 内置高效红外补光灯，最大红外监控距离为 80m。
- 支持走廊模式、宽动态、3D 降噪、强光抑制、背光补偿、数字水印，适用于不同监控环境。
- 支持 ROI、Smart H.264/H.265，灵活编码，适用于不同带宽和存储环境。
- 支持 DC12V/POE 方式。
- 支持 IP67 防护等级。

## 5.2　普通园区级视频监控系统与主要设备

### 5.2.1　系统应用背景

近年来，随着各类国际、国内体育赛事的举办，以及全民健身运动的开展，国家及地方均加大了基础体育设施的建设力度，体育场馆的建设得到大力发展。体育场馆不仅为居民提供了业余体育锻炼、健身的场地，还为国际、国内体育赛事及大型文艺演出、展会等活动的举办提供了场地，同时也是居民休闲娱乐文化中心。体育场馆人群复杂且人流量大，特别是重大赛事、活动举行时，如何确保出入人员人身、财产安全是重大难题，主要体现在以下几个方面。

（1）人群复杂，安全隐患多：日常进出体育场馆的人流量大，人群复杂，其中可能有不法分子偷窃他人的手机等财物。

（2）人工弱管理，工作效率低：体育场馆覆盖范围大，采用人工管理方式，一方面无法实现全天候管理，存在弱管理区域；另一方面人力投入较大，工作效率低。

（3）纠纷频发，难管理：更衣室、物品寄存区容易发生偷盗、打架斗殴等纠纷，场馆内人员的人身、财产安全难以得到保障。

因此，需要建设一套体育场馆视频监控系统，提高体育场馆安全防范水平，保障居民人身、财产安全，为居民创造安全舒适的现代化体育场馆。

## 5.2.2　系统应用策略

体育场馆视频监控系统覆盖场景包括体育场馆大门口、人/车出入口、岗亭、室内/外运动场所、物品寄存区、仓库、围墙周界、消防通道等重点区域，主要采用全彩智能警戒摄像机，以及车闸、人闸等设备，实现全天候监控、人/车出入管控、周界告警、消防通道占用告警等功能，以提高体育场馆安全防范水平，保障居民人身、财产安全。

## 5.2.3　系统架构

建设的体育场馆智能监控系统由前端设备、网络传输设备、视频存储设备、管理平台软件等构成。

（1）前端设备：根据体育场馆不同的空间位置，选择满足使用场景要求的摄像机，实现高清视频数据采集。摄像机在体育场馆中的布控点位示意图如图 5.6 所示。

图 5.6　摄像机在体育场馆中的布控点位示意图

（2）网络传输设备：采用接入、核心两层组网方式，将摄像机采集到的高清视频图像传输到消控室或机房。

（3）视频存储设备：采用智能 NVR 对实时视频进行分布式存储，实现存储系统的高可靠性、高可用性。

（4）管理平台软件：采用专用 App（如 SmartPSS）进行功能模块化部署，其具备视频监控系统管理模块，对摄像机、NVR 等设备进行统一管理，支持大量高清画面实时显示、云台控制，具有录像操作、回放等功能。

## 5.2.4 系统主要功能

### 1. 全彩可视化

通过在体育场馆大门口、人/车出入口、岗亭、室内/外运动场所、物品寄存区、仓库、围墙周界、消防通道等重点区域安装全彩智能警戒摄像机，如枪型 IPC 或球型 IPC，供管理人员随时了解体育场馆内的实时状况，如图 5.7 所示。

图 5.7 重点区域的全彩可视化

### 2. 声光主动报警

管理平台软件与视频联动，供安保人员实时了解现场情况，可实现可视化调度与应急指挥，安保人员通过本地双向语音对讲功能，可对各种突发事件采取快速、有效的反应措施，进一步控制事态，避免损失扩大，如图 5.8 所示。

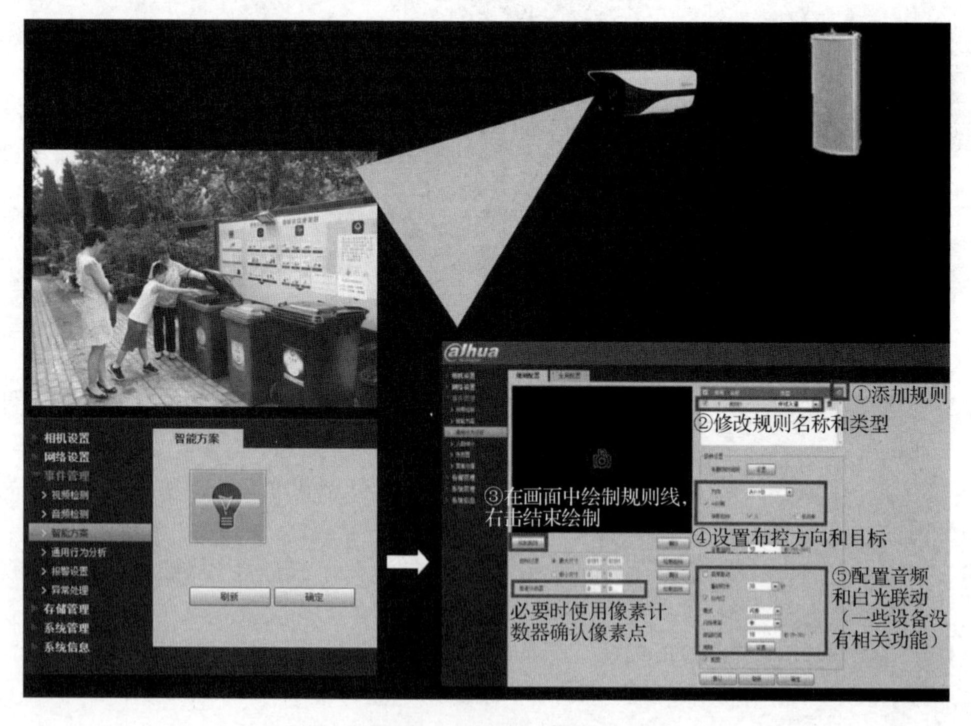


图 5.8 声光主动报警

### 3. 分类检索

通过接入多路智能警戒摄像机，后端智能 NVR 根据人、车目标分类，对录像文件进行关联。当遇到纠纷时，可根据事件发生时间的人、车等信息，快速检索录像文件。

### 4. 人机联防

通过手机随时随地查看体育场馆内的情况，实时接收报警事件，如图 5.3 所示。

### 5. 人脸识别考勤门禁联动

人脸识别考勤门禁联动系统组成如图 5.9 所示，在出入口部署人脸识别门禁一体机，在实现开门的同时完成员工的上下班考勤，相关数据可以在 SmartPSS 上查看，也可以通过微信小程序（如大华云联）查看。在重要点位，如仓库、办公室、财务室等，也可以部署人脸识别门禁一体机，只对有权限进入的人员开放，所有的进出记录都可以在 SmartPSS 上查看，也可以通过微信小程序查看。

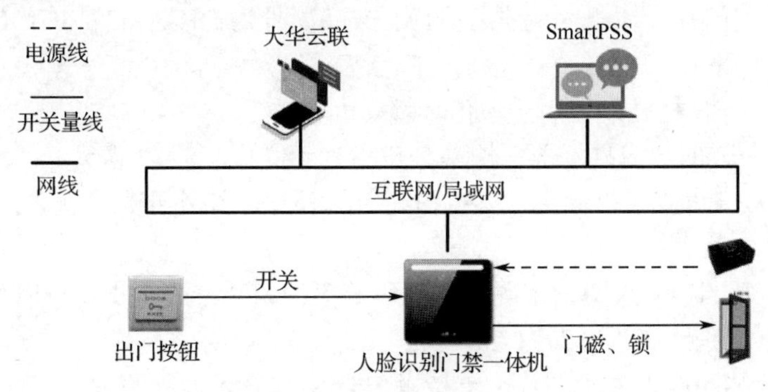


图 5.9　人脸识别考勤门禁联动系统组成

方案亮点：一机多用，可用于考勤也可用于门禁管理；当有人员进出时，通过人脸识别实现非接触式无感考勤，支持防假、防代刷，安全可靠；当有访客来公司时，员工可以进行远程开门，高效方便；可通过微信小程序一键扫码添加设备，进行 Wi-Fi 连接，同时可在移动端查看考勤数据报表等。

### 6. 消防通道违停占用报警

消防通道违停占用报警系统组成如图 5.10 所示。当有车辆进入消防通道时，声光警戒摄像机智能识别违停车辆，防水音柱自动发出声音报警，全天候保障消防通道畅通。该系统以智能技术代替人为管理，无须额外投入人力专职管理，可减少 30%以上的人力投入。

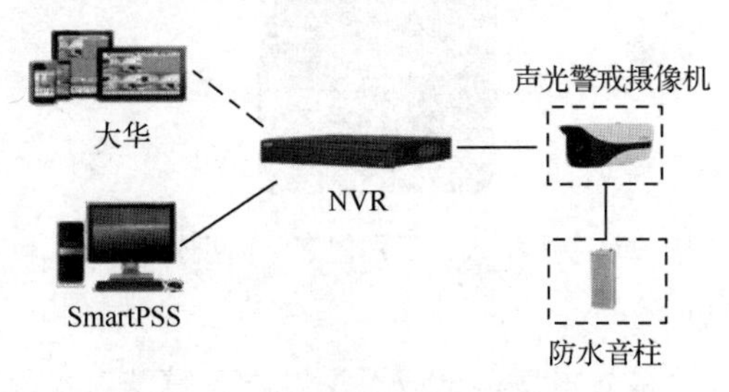


图 5.10　消防通道违停占用报警系统组成

方案亮点：准确识别人员、车辆，有效过滤树叶飘落、小动物路过等，以减少误报；用户可以根据自己的需要，将录制好的音频文件导入设备，配置更适宜的语音；后端设备弹窗提醒值班人员及时发现恶意滞留人员，并进行喊话劝离。

#### 7. 人员值岗检测

摄像机实时监测岗亭/值班室，准确识别区域内人数，多人值岗时按照人员离开时长自动触发离开报警，进行声光报警提醒，精准检测，同时可根据各种场景自定义多种离岗报警规则。

### 5.2.5 主要设备

人脸识别门禁一体机 485 无法通信故障

#### 1. 人脸识别门禁一体机

人脸识别门禁一体机是一款新型门禁设备，支持刷卡、人脸识别、密码、二维码及其组合识别方式；内部集成了高性能处理器，身份识别迅速、精准且可离线使用；外观大气时尚，配合管理平台软件，可实现多种功能，满足使用者多样化的使用需求；适用于园区、普通写字楼、学校、工厂、普通住宅区等场所；通过识别人脸来核对身份，实现了无感通行。

以大华人脸识别门禁一体机为例进行介绍，产品型号为 DH-ASI3213GL-MW（见图 5.11），其主要具备的功能如下。

- 外壳为 PC+ABS 材质，适用于室内环境。
- 采用 4.3in 全玻璃触摸显示屏，屏幕分辨率为 480 像素×272 像素。
- 采用 200 万广角双目摄像头，支持白光智能补光、红外补光，宽动态对环境光线自动调节。
- 支持刷卡（IC 卡）、人脸、密码、二维码等多种识别方式，支持分时段开门。
- 支持的面部识别距离为 0.3～1.5m。
- 最多支持容纳 500 张人脸图片，支持以 JPG 格式导入人脸照片。
- 支持活体验证检测，人脸识别准确率为 99.5%，1∶*N* 比对时间为 0.3s/人。
- 支持外接 1 个 485 读卡器、1 个开门按钮、1 个报警输入、1 个门锁信号输入、1 个门磁反馈、1 个百兆网口。
- 支持胁迫报警、防拆报警、闯入报警、开门超时报警、非法卡超次报警、外部报警。
- 支持 TCP/IP 和 Wi-Fi 接入网络，支持主动注册、P2P 注册、DHCP。
- 支持可视对讲功能和手机 App。
- 支持提供第三方接入 SDK，方便第三方开发平台接入。
- 对接平台：H8900、SmartPSS、云睿。

图 5.11　大华人脸识别门禁一体机外形示例

#### 2. 双光人脸警戒摄像机

双光人脸警戒摄像机采用星光方案，集成了深度学习算法，实现了人脸检测、周界防范功能，显著提高了视频内容分析的准确性。

以大华双光人脸警戒摄像机为例进行介绍，产品型号为 DH-IPC-HFW4243F1-ZYL-PV-SA（见图 5.12），其主要具备的功能如下。

- 内置 GPU 芯片，集成了深度学习算法，有效提升了检测准确率。

- 支持 3 种智能资源切换：通用行为分析、人脸检测、人数统计。
- 支持人脸检测：支持跟踪，支持优选，支持抓拍，支持上传最优的人脸抓图，支持人脸增强、人脸曝光。
- 支持智能侦测：区域入侵，绊线入侵，快速移动（可进行人、车分类及精准检测），物品遗留，物品搬移，人员徘徊，人员聚集，停车，热度图。
- 支持声光报警联动：当报警产生时，可触发联动声音警报和灯光闪烁。
- 支持人数统计：支持进入/离开人数统计，并可生成人数统计日/月/年报表，导出使用；支持排队管理；支持区域内人数统计。
- 采用星光级低照度 200 万像素 1/2.8in CMOS 图像传感器，低照度效果好，图像清晰度高。
- 最大可输出 200 万（1920×1080）@25fps。
- 支持 H.265 编码，压缩比高，可实现超低码流传输。
- 内置高效暖光灯和红外补光灯，最大红外监控距离为 100m，最大暖光监控距离为 30m。
- 支持走廊模式，宽动态，3D 降噪，强光抑制，背光补偿，数字水印，适用于不同监控环境。
- 支持 ROI、Smart H.264/H.265，灵活编码，适用于不同带宽和存储环境。
- 支持一键撤防，可在自定义设置的时间段内对邮件、音频、灯光等事件联动项进行统一撤防控制。
- 支持内置 MIC 和扬声器，最大支持 256GB 的 Micro SD 卡。
- 支持 DC12V/POE 方式。
- 支持 IP67 防护等级。

图 5.12　大华双光人脸警戒摄像机外形示例

### 3. 杆式抓拍一体机

杆式抓拍一体机集成了深度学习算法，支持车辆检测、车系识别、车牌识别、车标识别、车身颜色识别、H.264/H.265 编码、LED 显示及语音播报、车辆行驶方向判断、基于深度学习的车牌防伪等功能，广泛应用于停车场出入口监控、社区道路的车辆抓拍和识别等。

以大华杆式抓拍一体机为例进行介绍，产品型号为 DH-IPMECS-2212-Z（见图 5.13），其主要具备的功能如下。

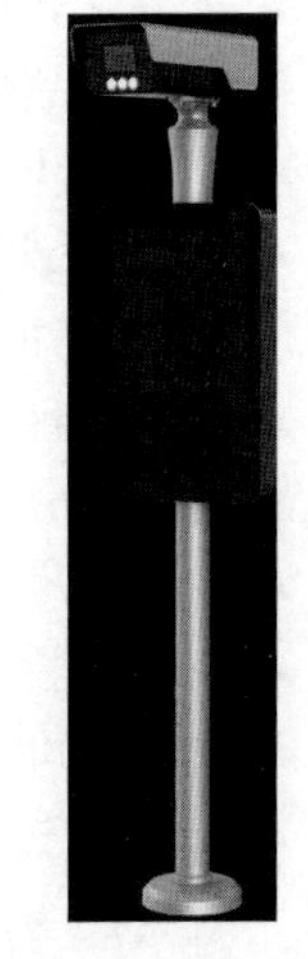

图 5.13　大华杆式抓拍一体机外形示例

- 采用高性能 AI 处理器，集成了第三代智慧停车深度学习算法，算法处理能力更强。
- 具有丰富多样的信号通信接口，可控制出入口道闸等外部设备。
- 内置 LED 补光灯（暖光灯，色温为 3000K），亮度可调，并且过车亮度可设置，可降低光污染和功耗。
- 支持全天候车辆信息全结构化深度提取，车辆捕获率和车牌识别率都达到 99.9%以上。

➢ 支持通过 RS-485 接口接入道闸、雷达等外部设备，实时获取设备工作状态，实现远程运维管控。
➢ 集成了 LED 显示屏，用户可自由配置显示内容，支持二维码显示，支持屏幕坏点检测，并且屏幕亮度可自适应调节。
➢ 支持语音播报功能，用户可自由配置播报内容。
➢ 采用智能除雾技术，有效杜绝玻璃结冰、起雾现象，满足全天候使用需求。
➢ 集摄像机、LED 显示屏于一体，单网口配置，简化了施工。

#### 4. 桥式圆弧摆闸

桥式圆弧摆闸是集成了门禁控制模块、闸机控制模块、报警模块等的人行通道闸类产品，标配 IC 读卡功能，支持指纹识别组件、条码阅读器、人脸识别组件等的定制，用于组成出入口管理系统。

以大华桥式圆弧摆闸为例进行介绍，产品型号为 DH-ASGB511YS（见图 5.14），其主要具备的功能如下。

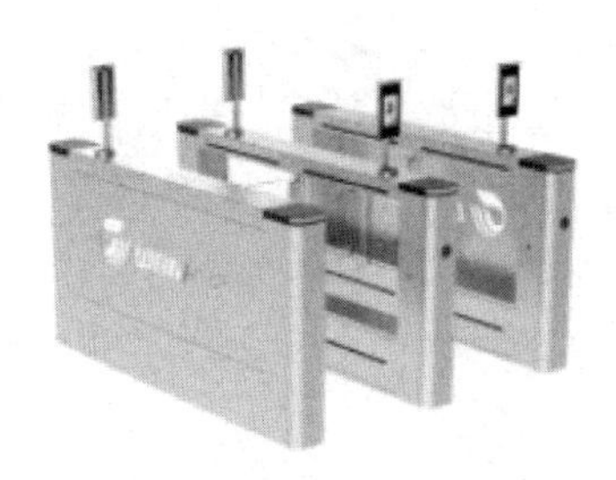

图 5.14 大华桥式圆弧摆闸外形示例

➢ 机箱材质为 SUS304 不锈钢，机箱厚度为 2.0mm。
➢ 标配 16 对红外检测传感器。
➢ 采用进口无刷伺服电动机。
➢ 支持开门超时自动复位功能。
➢ 支持系统参数恢复默认功能。
➢ 支持声光报警提示，支持音量调节。
➢ 平均无故障使用次数大于 1000 万。
➢ 支持消防应急常开功能，支持报警信号输出功能。
➢ 支持机械防夹、红外防夹功能，支持防冲撞功能。
➢ 支持 4 种安全等级设置，适用于不同安全级别的场景。
➢ 支持 9 种通行模式组合，如授权通行、禁止通行、自由通行等。
➢ 支持开/关门速度调节，支持通行时间设置，支持延时关闸时间设置。
➢ 支持二次开启功能，支持出入口记忆功能。
➢ 支持人脸识别组件、指纹识别组件、条码阅读器、CPU 读卡器、身份证阅读模块等的集成，可实现多种识别方式组合应用。
➢ 支持非法闯入、尾随、反向闯入、滞留、异常开门、非法翻越、门翼故障、红外检测异常、通信异常等情况的声光报警提示。
➢ 支持断电开闸。
➢ 不标配摆臂，需要根据项目现场通道尺寸额外选配摆臂。

➢ 可选配遥控器，实现远程遥控控制门翼开关。

## 5.3　城市级视频监控系统与主要设备

### 5.3.1　系统应用背景

随着经济社会的高速发展，社会各界对城市环境和城市形象的关注度越来越高，传统的、被动式的城市管理模式已经难以满足信息化社会的需求，城市管理工作越来越繁重。管理手段和管理方式上的不足，在很大程度上制约着城市管理工作的高效运转。如何保障市民的生活质量、打造和谐开放的城市公共环境、促进经济社会的持续健康发展成为城市管理工作的重点。

党的二十大报告中指出，在社会基层坚持和发展新时代“枫桥经验”，完善正确处理新形势下人民内部矛盾机制，加强和改进人民信访工作，畅通和规范群众诉求表达、利益协调、权益保障通道，完善网格化管理、精细化服务、信息化支撑的基层治理平台，健全城乡社区治理体系，及时把矛盾纠纷化解在基层、化解在萌芽状态。《中华人民共和国国民经济和社会发展第十四个五年规划和 2035 年远景目标纲要》中指出，坚持创新在我国现代化建设全局中的核心地位，把科技自立自强作为国家发展的战略支撑，面向世界科技前沿、面向经济主战场、面向国家重大需求、面向人民生命健康，深入实施科教兴国战略、人才强国战略、创新驱动发展战略，完善国家创新体系，加快建设科技强国。《住房和城乡建设部关于巩固深化全国城市管理执法队伍“强基础、转作风、树形象”专项行动的通知》中指出，全面实施“721 工作法”，即 70%的问题用服务手段解决，20%的问题用管理手段解决，10%的问题用执法手段解决。推广“非现场执法”等模式，充分利用视频监控设备、大数据共享等信息化手段发现违法问题，探索建立“前端及时发现+后端依法处置”的衔接机制，提高执法效率。加强城市管理执法领域信用监管，建立守信激励和失信惩戒机制。

智慧城管是新一代信息技术支撑、知识社会创新环境下的城管新模式，通过新一代信息技术实现全面透彻感知、宽带泛在互联、智能融合应用。智慧城管建设是引领和支撑城管工作未来发展的重要战略选择，是智慧城市建设的重要组成部分，是创新和完善新型城管体系的重要工作内容。

目前的城市管理尚存在以下问题。

**1. 突击式、集中式管理，缺乏长效机制**

违法事件种类繁多，发生频繁，如流动摊贩占道经营、沿街商铺店外摆摊、沿街晾晒等。通过城管执法人员随机巡逻，或者相关部门采取一次次集中整治，彼时颇见成效，但是风头一过违法行为又死灰复燃。缺乏常态巡查管理发现机制，急需借助 AI 赋能城管，实现以机器换人，帮助城管部门实现长效监管。

**2. 管理范围广，缺乏精细化管理手段**

随着城市区域面积不断扩大，城市基础设施不断完善，城市公共区域内的路灯、井盖、行道树、垃圾箱、交通护栏等位置固定且以物理形态存在的设施的范围极广，这使管理和执法工作量呈指数级上升，但城管执法人员数量并没有以相应比例增加，这给城管带来了极大挑战。例如，城管执法人员在处置流动摊贩占道经营等违法行为时，由于缺乏系统全面的精细化管理手段，因此现场执法只是针对本次事件进行处理，无法判断其违规次数，进而无法找出屡犯人员进行针对性处置。

**3. 市容和市貌缺乏有效的监管与规划手段**

随着城市的建设和人民生活水平的不断提高，市容环境压力不断增大，特别是城市公共区域垃圾投放点脏乱差和渣土运输过程中抛洒滴漏的现象屡见不鲜，缺乏有效的监管手段。另外，市貌的规划也尤为重要，如新型路灯、传统路灯存在“百花齐放”的现象，路灯杆、交通设施杆、路牌杆、导向牌杆等单功能杆种类繁多，重复建设和投资既浪费政府部门资金，又严重影响市貌。

**4. 监管存在盲区，被动式管理，效率低**

常规监管手段难以实现全面覆盖，现场执法人员对于高空违建、私搭乱建等问题的监管缺失，导致监管上存在盲区，呈现监管不及时、执法取证难等特点，问题多通过群众举报、相关政府部门交办等方式传递至城管部门，管理上较为被动，效率低。

**5. 现场执法冲突多、投诉多、曝光多**

由于执法对象形形色色、执法人员专业素质差异大和执法保障体系不健全，因此容易导致现场执法起冲突或执法人员受到人身威胁，而取证手段相对单一且证据容易遗失，行政执法全过程需要通过配备多方位、多角度的执法记录装备和移动终端进行全程记录，并建立同中心平台的信息共享和协同联动机制。

### 5.3.2 系统应用策略

智慧城管解决方案以新一代信息网络技术为依托，推动视频监控、AI 及大数据等技术在城管业务中的应用，借助 AI 赋能城管，提高城市全感知能力，提高智能化、自动化在城管业务中的应用水平。

智慧城管的总体建设着眼于智能分析、智能管控及智能处理的建设思路，以及以感知、分析、服务、指挥、监察功能为主体的建设框架，综合利用各类物联感知、AI 等技术能力，实现视频监控、环境监测等城市运行数据的综合采集和智能分析，赋能城管；依托信息化技术，综合利用视频一体化技术，探索快速处置、非现场执法等新型执法模式，提升执法效能。

### 5.3.3 系统建设目标

建设一套智慧城管可视化应用系统，整合视频资源，挖掘视频在城管中的潜能和价值，借助 AI 丰富城管过程中发现问题的技术手段，并利用技术手段完善城管部门的日常监管范围，提高其日常监管工作效率。

通过日常违法事件采集，打造常见违法行为自动分析模型，用该模型代替人工巡逻，自动识别违法行为，在重点区域进行 24h 在线值守，实现长效管理。

拓展技术手段，将城管的范围从路面扩展到整个城市的每个角落，变被动响应为主动管理，全力消除监管盲区，实现监管全面覆盖。

对渣土运输实施有效监管，完善视频覆盖，深入挖掘视频应用，实时记录渣土运输过程中车辆及周边的情况，规范渣土运输行为，避免违法行为的发生。

提高城市垃圾分类可视化监管能力，以引导为主、监管为辅，通过视频监控、AI 等手段，对投放垃圾的人员进行语音引导，对乱丢乱放的人员进行快速回溯，对垃圾满溢和垃圾散落情况进行及时报警，实现对源头、运输、末端处置的全流程可视化监管。

面向智慧路灯基础设施，实现路灯的智能管理，并构建道路 Wi-Fi 服务能力，提供由路灯承载的视频监控及资源监测能力。通过统一路灯的承载与服务方式，实现城市的物联网体系建设。

提高路面执法力量装备水平，以及移动执法异常信息采集能力，实时将现场情况传送至指挥中心，执法全程录音录像，对日常管理执法行为进行监督，避免不文明执法现象的发生。

## 5.3.4　系统架构

手持终端设备的初始化

### 1. 总体架构

依据系统建设目标，在标准规范体系及安全保障体系下，建设一个城管大数据平台，打造街面违法系统、渣土运输车管控系统、垃圾分类系统、违章建筑管理系统、井盖管理系统、移动执法系统、智慧路灯系统，为城管的不同业务部门，如市容管理科、市政管理科、督察科/综合执法队等提供基本应用支撑，从而提升城管智能化、精细化、品质化的治理效能，提高城市竞争力。

智慧城管可视化应用系统的总体架构自下而上分为四层，即感知层、基础支撑层、应用支撑层、业务应用层，同时建设标准规范体系、安全保障体系作为支撑，如图 5.15 所示。

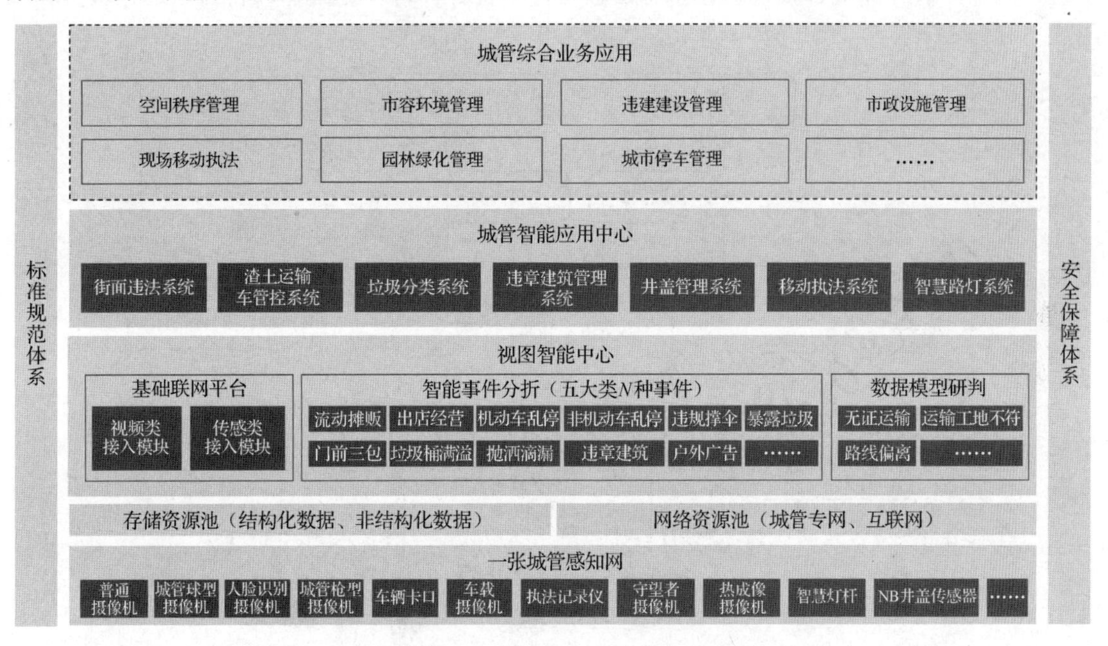


图 5.15　智慧城管可视化应用系统总体架构

（1）感知层，即一张城管感知网，通过视频监控前端设备、物联传感器、手持终端、执法记录仪、热成像仪等各类前端设备组成一张网，实现实时信息采集和图像识别，包括属性特征、位置、状态等多维感知，全面增强城市管理中部件和事件的信息感知能力。

（2）基础支撑层，即视图智能中心，依托县/市政府或运营商共建有线、无线宽带等网络，为实现城市管理对象与监督执法部门、执法人员之间的信息交互和联通提供基础的 IT 环境，包括视频类和传感类接入模块；提供视图智能能力，如摊贩识别、车辆识别、抛洒识别等，实现从看视频向解读视频的转变；根据业务需要，创建各类数据模型，服务上层应用。

（3）应用支撑层，即城管智能应用中心，主要面向和服务城管各业务模块，包括街面违法系统、渣土运输车管控系统、垃圾分类系统、违章建筑管理系统、井盖管理系统、移动执法系统、智慧路灯系统，各系统均包含基础的视频/数据资源汇聚功能，并提供各模块事件、资源、对象的在线展示、处置下发等功能。各系统对外提供统一的标准接口服务，支持为政府其他部门和城管业务系统提供数据共享服务。

（4）业务应用层，即城管综合业务应用，主要由第三方业务厂家提供，满足数字城管的业务处置流程要求。

### 2. 细分系统

#### 1）街面违法系统

街面违法系统主要面向市容管理科，对影响城市环境卫生、街面秩序的各类事件进行自动发现、自动取证、自动上传。该系统基于计算机视觉技术对监控场景的视频图像内容进行分析，提取场景中的关键信息，并形成相应事件全天候监管，将城市管理者从繁重的巡视工作中解脱出来。同时，该系统支持外接防水音柱、喇叭等设备，可以通过语音播报的形式提醒违法人员，实现违法事件的无接触式执法管理。

街面违法系统主要分布在城管专网中，包括城管球型摄像机、热成像摄像机、水利球型摄像机、城管分析一体机、城管事件服务器、城管平台等，可根据具体项目需求进行裁剪，如图 5.16 所示。

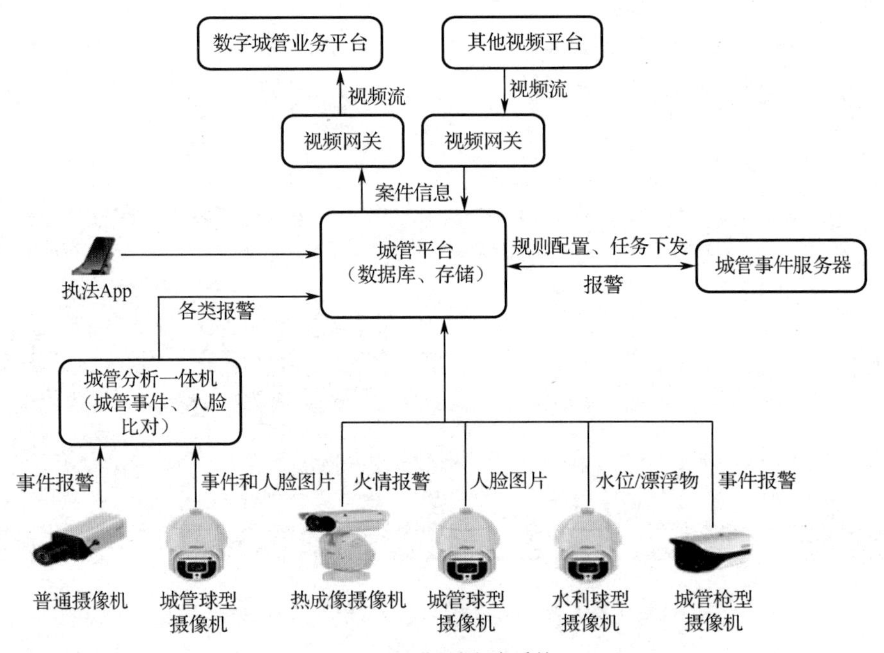


图 5.16　街面违法系统

街面违法系统包括前端智能设备、边缘智能设备、中心智能设备。前端智能设备包括城管球型摄像机、城管枪型摄像机、热成像摄像机、水利球型摄像机等，各类违法事件由前端智能设备自动识别、产生告警，并上传给城管平台。边缘智能设备主要是指城管分析一体机，普通摄像机接入城管分析一体机，城管分析一体机进行违法识别并上传给城管平台。对于流动摊贩人脸有预警需求的，通过前端城管球型摄像机接入城管分析一体机，上传事件和人脸图片，城管分析一体机比对人脸后，将人脸报警和事件报警一同上传给城管平台。城管分析一体机也支持从城管平台添加视频通道（RTSP 添加），进行分析后再反馈给城管平台。中心智能设备主要是指城管事件服务器，由城管平台下发分析任务，城管事件服务器对城管平台取流执行分析任务。各种违法警情在城管平台中展示、审核，通过执法 App 处置实现业务闭环。城管平台通过 API 接口支持对外开放城管数据、视频。

2）渣土运输车管控系统

渣土运输车管控系统主要面向环境卫生科，依托科技手段实现从工地到消纳场两点一线渣土运输全流程的在线管理，以及运输过程中违法违规事件的智能预警，如图 5.17 所示。该系统变单一人管模式为人管和技管双重监管模式，克服了人力执法主观因素的短板，弥补了执法力量的不足，形成了精细化、智能化、长效化的渣土运输监管机制。该系统主要实现三大目标：加强工地出入口监管，确保源头控制有力；加强路面运输监管，确保运输监管严密；加强消纳场出入口监管，确保末端处置规范有序。

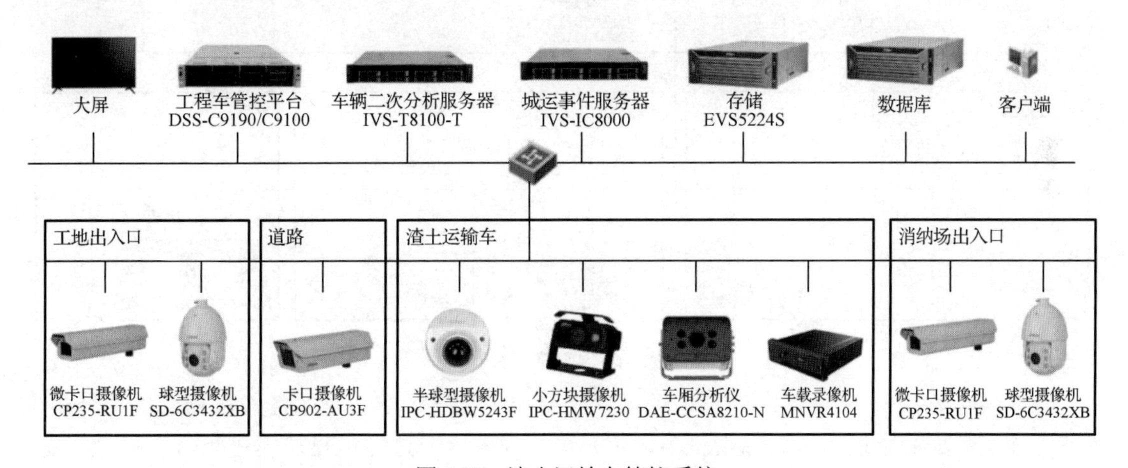


图 5.17 渣土运输车管控系统

渣土运输车管控系统主要包括工地监管子系统、道路运输/车载子系统、消纳场监管子系统。

3）垃圾分类系统

垃圾分类系统主要面向环境卫生科、垃圾分类办，围绕垃圾投放点、转运站/处理站、运输三大场景，对垃圾分类全流程进行监管，如图 5.18 所示。方案部署包含 3 个业务场景和 1 个监管中心。

（1）垃圾投放点是垃圾分类的源头，做好源头管控具有非常重要的意义。分类投放监管子系统主要面向垃圾投放点（如公共步行街垃圾投放点、小区/街道垃圾投放点）进行垃圾投放行为监管、垃圾点卫生隐患监管、宣传引导、人员/督导工作监管、人流监管，通过前端摄像机进行视频监控和各种智能事件检测，对违规行为联动语音播放警示，同时可自定义宣传语进行宣传播放。

垃圾投放点主要服务于垃圾分类投放管理，具体包括垃圾投放行为监管、垃圾卫生情况监管、宣传引导、人员/督导工作监管（考勤、在离岗、是否未及时撤桶）、人数统计等。根据监管程度和要求不同，垃圾投放点可分为普通定时投放点、误时投放点、星级定时投放点。普通定时投放点通过分时摄像机同时进行周界入侵检测、人数统计，实现对投放点人员定时定点投放行为的监管，对违规行为联动语音播放警示，同时实现投放点人流量情况统计。误时投放点通过垃圾管理摄像机，实现对投放点无人值守期间的提醒及有人值守期间的人员在岗检测。星级定时投放点通过垃圾管理摄像机进行周界入侵检测、人数统计、暴露垃圾检测、垃圾桶满溢检测、垃圾桶检测，实现对投放点人员定时定点投放行为、异常行为（如垃圾未入桶、垃圾桶满溢等情况）的监管，对违规行为联动语音播放警示，同时实现投放点人流量情况统计；通过人脸识别摄像机实现对违规人员的取证抓拍及对督导人员的考勤管理；可按需加载热成像设备，实现对投放点火灾隐患的检测。

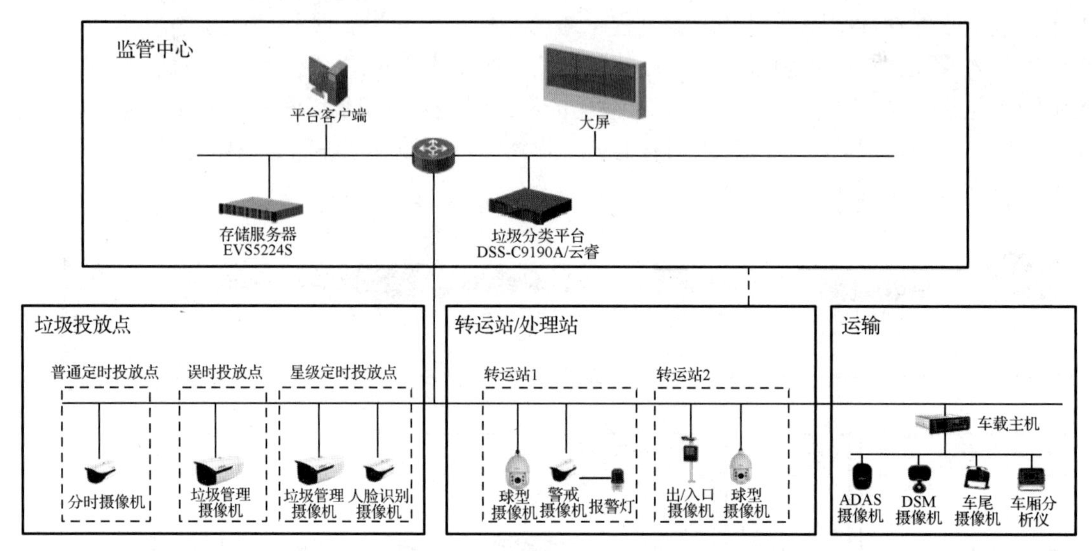


图 5.18　垃圾分类系统

（2）转运站/处理站（焚烧厂、填埋场、厨余垃圾处置场等）是生活垃圾监管的中转/末端环节。该场景主要通过出入口抓拍设备、声光警戒设备等对过往运输车辆进行过车记录，及时发现非法车辆进入。

转运站/处理站主要服务于处置管理，具体包括视频可视化、防止非法车辆进入。该场景通过高清球型摄像机实现基础的视频监控；通过出入口抓拍设备进行车辆进出记录、车辆识别，联动垃圾分类平台研判是否为所属场地合规的运输车辆，对外部车辆进入进行报警。

（3）面向车辆运输环节中车辆状态及车辆运输行为的监管是做好垃圾分类监管必不可少的一环，主要服务于垃圾收集管理、运输管理，具体包括车辆运输路线监管、驾驶员监管、安全行驶监管、垃圾收运不混装监管、垃圾不乱倾倒监管。通过在垃圾收运车上安装车载监控设备和车载主机，实现车辆的视频、轨迹数据接入，以及车辆轨迹的实时、历史数据查询，同时可按需拓展道路遗撒、偷倒乱倒管理功能。

4）违章建筑管理系统

目前的视频监控系统无法做到全面覆盖，存在很大的视野局限性，特别是在执行一些紧急任务时，任务地点往往没有安装摄像机，导致城管指挥中心无法及时了解现场情况。无人机系统采用技术先进的飞控平台及前后端视频监控传输系统，配合完善的飞行及地勤保障系统，以便对地面实施全面的空中监控，从而实现较低的综合成本，对传统手段无法涉足的区域进行实时监控，其智能化和先进性突出体现在巡查路径规划、智能分析、定点持续监控、火情报警等方面，并且在制订应急预案、建立快速响应机制、现场情况存档与取证等方面也充分发挥了技术防范手段的重要作用。

违章建筑管理系统组网如图 5.19 所示。无人机系统主要通过远距离无线图传技术将云台摄像机的图像实时传输到地面站，通过数传技术将无人机的各项飞行数据传输到地面站，同时进行航点、航线等的远程控制。遥控通道主要用于通过一体式遥控器手动操控无人机。一体式遥控器集遥控和显示功能于一体，既可以直接进行手动操控，并在 7in 触摸屏上查看云台摄像机图像，也可以设置飞行线路和飞行任务等。指挥中心人员可以通过大屏电视或客户端查看无人机的实时图像，以便根据现场情况及时、准确地进行指导和指挥。

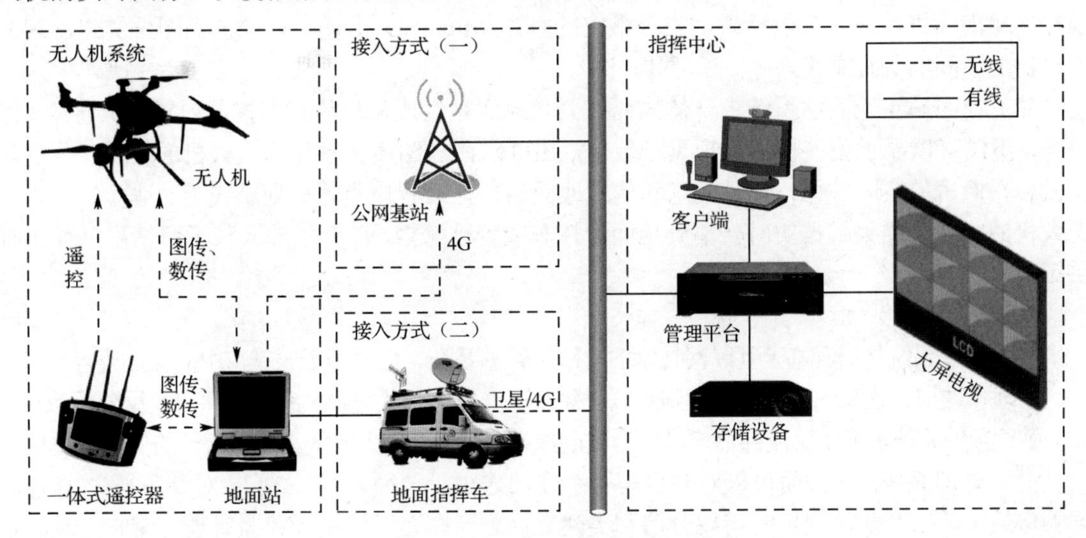


图 5.19 违章建筑管理系统组网

无人机系统由飞行平台、飞机负载和地面站三大部分组成，如图 5.20 所示。

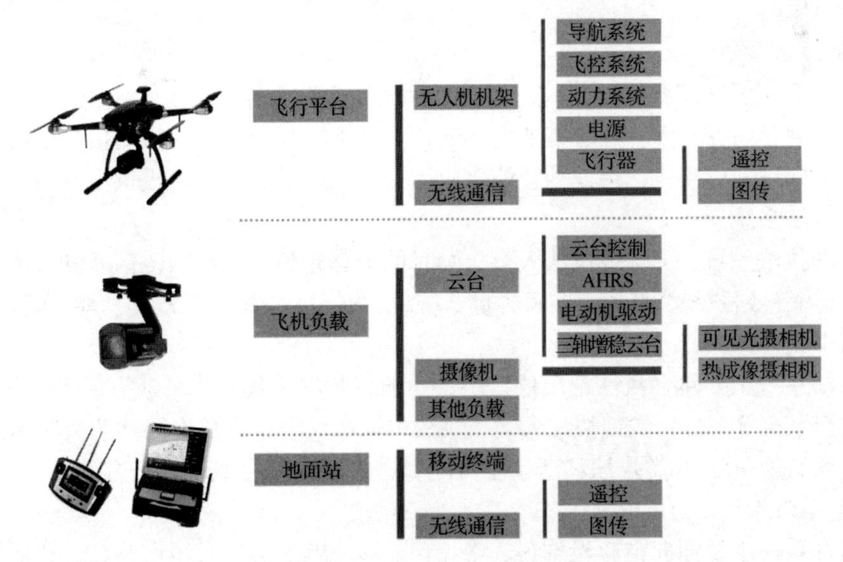


图 5.20 无人机系统各组成部分

（1）飞行平台。飞行平台主要是指无人机机架，包括导航系统、飞控系统、动力系统、电源等。导航系统可以定位无人机的实时位置，设计使用 GPS。飞控系统是指无人机的飞行控制系统，主要由陀螺仪（飞行姿态感知）、加速计及控制电路组成，主要功能是自动保持飞机的正常飞行姿态。动力系统中的电动机带动螺旋桨可为无人机提供动力，通过改变4个电动机的转速，可以控制无人机进行前后、左右、升降及旋转和翻转等动作。电源可以为无人机飞行、云台的旋转控制及数据传输模块等提供能源保障。

图传是指为无人机与地面站建立通信的传输通道，用于传输视频数据。

（2）飞机负载。云台设计为三轴增稳云台，支持俯仰、平移、横滚3个维度的运动，内置姿态传感器和图像稳定系统，不管无人机是抖动还是俯仰、横滚，云台都能够保持稳定，从而保证摄像机获取的图像质量。云台设计为可拆卸形式，可根据现场环境需要选择可见光摄像机或热成像摄像机，或者其他负载。云台摄像机内置 MicroSD 卡槽，以保证当图传链路出现故障时仍能不间断进行录像。

（3）地面站。地面站系统由一体式遥控器和地面站组成，一体式遥控器内置7in电容式触摸屏，不仅可以显示无人机的各项飞行数据，还可以在地图模式下显示无人机的位置，或者显示云台摄像机的实时图像，并且可以和传统地面站一样设置航点、规划航线等。地面站可以将无人机的图像和相关数据实时传输到地面指挥车或管理平台，以便指挥人员了解情况从而进行决策。

5）井盖管理系统

井盖管理系统是一种基于互联网技术的智能化管理系统，主要用于对城市中的井盖进行实时监测、管理和维护。该系统包括井盖监测系统、井盖管理平台、井盖维护系统、井盖数据分析系统和井盖智能预警系统等多个组成部分，可以为城市管理提供科学依据，提高城市管理的效率和质量。

井盖管理系统，一方面可以对井盖是否存在问题进行全面排查、登记，对井盖缺失、破损、异响等情况，以及井盖混用等问题分门别类建立问题台账，以便进行井盖管理与维护，及时消除安全隐患；另一方面可以采集井盖位置、用途等关键信息，摸清全市井盖底数，健全井盖管理档案，并按照统一编码规则对井盖进行编号赋码，建立井盖维护管理台账，实现“一盖一编号、一井一档案”。

6）移动执法系统

移动执法系统面向综合执法队，以音/视频管理为基础业务，结合4G技术，围绕执法取证、执法监督、回溯管理等业务，打造集证据管理、可视化指挥于一体的移动执法系统，同时兼顾拓展性，预留视频分析接口，将视频智能化应用与执法业务相结合，提供更实用、更适用、更智能的移动执法系统。

通过移动执法系统，可实现执法人员执勤时的全球定位、无线图传；可现场录制视频和音频，上传录制资料到系统资料库，实现存储、编目、检索、管理、考核等功能，满足实时调看、事后查阅需求。

移动执法系统主要包含执法记录仪、手持终端、数据采集站、车载摄像机、车载录像机、无人机、城管平台等，分别实现执法人员、执法车辆、高空巡查等不同移动执法场景的可视化监管，如图5.21所示。各类执法移动设备可配套融合通信平台或城管平台使用。

7）智慧路灯系统

智慧路灯系统主要面向市政设施科、路灯管理处，用于实现对城市路灯的智能管理，并构建道路 Wi-Fi 服务能力，提供由路灯承载的视频监控及资源监测功能。该系统通过统一路灯的承载与服务方式，实现城市的物联网体系建设。

智慧路灯系统主要包括智能照明、环境监测、一键报警、信息发布、公共广播、视频监控、城市 Wi-Fi 等模块，如图5.22所示。

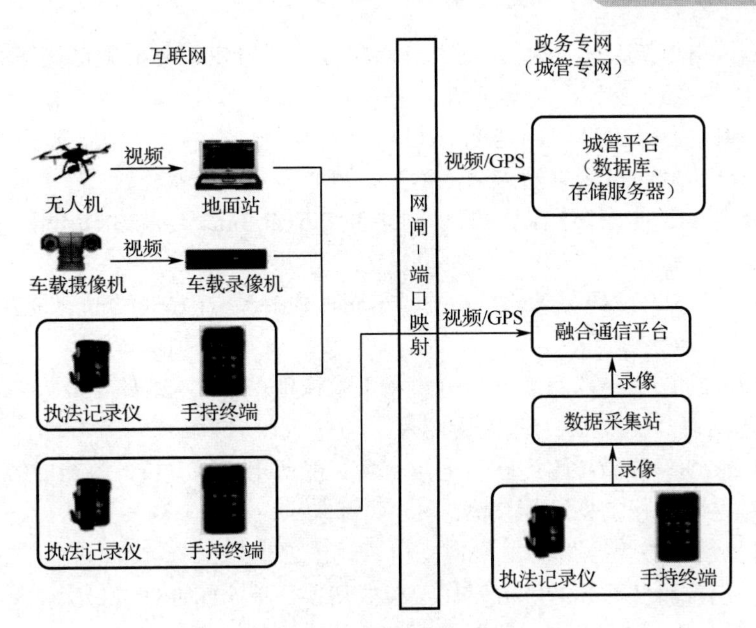


图 5.21　移动执法系统

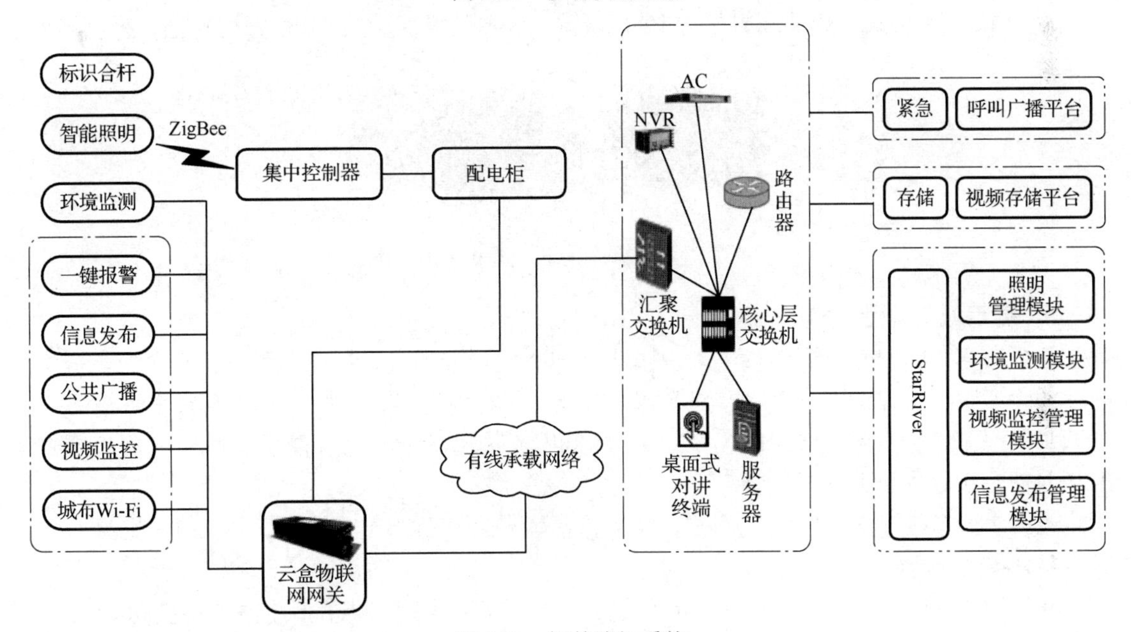


图 5.22　智慧路灯系统

## 5.3.5　主要设备

### 1．城管分析一体机

城管分析一体机在传统安防存储视频业务基础上集成了 AI 技术，实现了一机多用，基于深度学习算法拓展了城管街面管理相关智能检测业务功能。产品外观简洁、新颖，接口丰富，在改造型方案及新建场景方案中占据优势。

以大华城管分析一体机为例进行介绍，产品型号为 DH-IVSS716CG-8M（见图 5.23），其主要具备的功能如下。

- 3U 机箱，单电源，16 盘位，最大可满配 16TB 硬盘，支持硬盘热插拔，支持 RAID 0/1/5/6/10/50/60，支持全局热备盘。
- 3 个 HDMI，1 个 VGA，HDMI1+VGA1 组内同源，支持 1 个 4K 显示输出。
- 4 个 10/100/1000Mbit/s 自适应以太网口，可扩展 4 个千兆光口。
- 支持 256 路 H.264/H.265 混合接入，网络带宽 512Mbit/s 接入、384Mbit/s 存储、128Mbit/s 转发。
- 支持 24 路 1080P 解码显示输出，支持 Smart H.265、H.265、Smart H.264、H.264 混合解码。
- 支持 64 路 200 万或 64 路 400 万分辨率人脸识别，或者 128 路 200 万或 80 路 400 万图片流人脸比对，支持 50 万张人脸图片，50 个人脸名单库。
- 支持 64 路 200 万或 64 路 400 万分辨率后智能通用行为分析，每路支持 10 条规则，绊线入侵、区域入侵支持动物检测。
- 支持 32 路智慧城管检测。
- 后智能分析支持实时模式和分时轮巡模式切换，单个轮巡任务最大支持 256 路。
- 支持智能检索、人脸识别、以图搜图等功能应用。
- 支持联动录像、抓图、蜂鸣、邮件、预置点、本地报警输出、IPC 报警输出、语音播报。

图 5.23　大华城管分析一体机外形示例

### 2. 智慧城管枪型 IPC

智慧城管枪型 IPC 基于深度学习算法为客户提供精准的人、机动车和非机动车对象分类，以及人脸识别、车牌识别、活体检测等多个智能功能，满足客户在不同场景下的使用需求。智慧城管枪型 IPC 具有超星光级的夜视效果，超低码流传输，完全防尘、防水、防破坏，符合 IP67、IK10（部分型号支持）国际标准。

以大华智慧城管枪型 IPC 为例进行介绍，产品型号为 IPC-HFW8449K-ZVS-LED（见图 5.24），其主要具备的功能如下。

- 基于先进的深度学习算法，实现出店经营、流动摊贩、机动车违停、非机动车违停、门前脏乱、违规撑伞、暴露垃圾、垃圾桶满溢、违规户外广告、乱堆物堆料、店招变更、橱窗张贴、沿街晾挂等多种城管业务场景检测。
- 内置 GPU 芯片，支持深度学习算法，有效提升了检测准确率。
- 支持 7 种智能资源切换：通用行为分析、人脸检测、视频结构化、人数统计、人脸识别、道路监控、智慧城管。
- 支持多种行为分析，包括绊线入侵、区域入侵、快速移动（前三项均支持人车分类及精准检测）、物品遗留、物品搬移、人员徘徊、人员聚集、停车等。
- 支持人脸检测、人脸曝光、人脸增强、非活体过滤及人脸属性识别。
- 支持视频结构化，包括人员检测、机动车检测、非机动车检测。
- 支持垂直/倾斜人数统计、区域内人数统计、排队检测，支持车牌、车标、车辆品牌、车身颜色、车辆类型等车辆属性识别。

- 支持两种模式的人脸识别：普通模式和统计模式。普通模式支持人脸检测、跟踪、优选、抓拍、上传最优的人脸抓图、人脸增强、人脸曝光、人脸属性提取，支持 6 种属性、8 种表情；统计模式支持精准客流统计，可统计陌生人重复出现的次数，预测潜在商机或问题。
- 支持道路监控：支持机动车和非机动检测，双向 4 车道可独立配置检测区域，支持人脸检测和通用行为分析同时开启。
- 支持 5 码流传输、4 路高清视频显示。
- 采用超星光级、超低照度 400 万像素 1/1.8in CMOS 图像传感器，低照度效果好，图像清晰度高。
- 最大可输出 400 万（2688×1520）@60fps。
- 支持 H.265 编码，压缩比高，可实现超低码流传输。
- 内置高效暖光补光灯，最大补光监控距离为 40m。
- 支持走廊模式、宽动态、3D 降噪、强光抑制、背光补偿、数字水印。
- 支持 ROI、SVC、Smart H.264/H.265，灵活编码，适用于不同带宽和存储环境。
- 支持报警 3 进 2 出、音频 1 进 1 出，支持 RS-485 接口、BNC 接口，最大支持 256GB Micro SD 卡。
- 支持 DC12V/AC24V/POE 方式，支持 DC12V 电源返送，最大电流为 165mA，方便工程安装。
- 支持 IP67 防护等级。

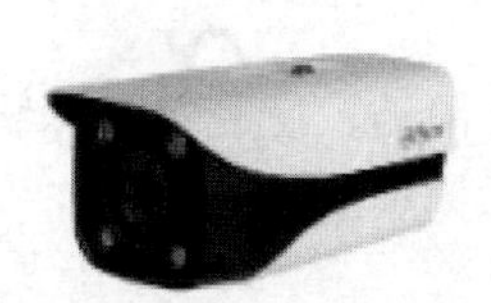

图 5.24　大华智慧城管枪型 IPC 外形示例

### 3. 红外 AI 智慧城管球型 IPC

红外 AI 智慧城管球型 IPC 结合传统摄像机和网络技术制成，用户可以通过网络远程连接到设备进行配置和管理。

以大华红外 AI 智慧城管球型 IPC 为例进行介绍，产品型号为 SD-8A1840-HNP-QACG-D3E（见图 5.25），其主要具备的功能如下。

- 内置 GPU 芯片，支持深度学习算法，有效提升了检测准确率。
- 支持流动摊贩、出店经营、机动车违停、非机动车违停、暴露垃圾、垃圾桶满溢、违规撑伞、门前（三包）脏乱、乱堆物堆料、违规户外广告、沿街晾挂、橱窗张贴、店招变更等违章行为检测。
- 对于机动车违停，支持远景、近景、中景车牌特写并识别车牌组成完整证据链。
- 对于非机动车违停，支持单辆车抓拍或区域内数量阈值抓拍。
- 对于流动摊贩，支持变倍后联动抓拍人脸。
- 支持智能多场景巡航，可添加多个智能预置点进行巡检。
- 采用 800 万像素 1/1.8in CMOS 图像传感器。

- 支持 40 倍光学变倍、16 倍数字变倍。
- 支持 H.265 编码，可实现超低码流传输。
- 可实现水平方向 360° 连续旋转，垂直方向-30° ～90° 自动翻转 180° 后连续监视，无监视盲区。
- 支持 300 个预置位、8 条巡航路径、5 条巡迹路径。
- 支持雨刷功能。
- 支持 1 路音频输入、1 路音频输出。
- 内置 7 路报警输入、2 路报警输出，支持报警联动功能。
- 支持 IP67 防护等级。
- 支持国产密码算法 SM1、SM2、SM3、SM4，符合 GB 35114—2017。

图 5.25　大华红外 AI 智慧城管球型 IPC 外形示例

**4. 无人机**

长续航无人机可应用于警用安防、城市管理、渔政水利、道路巡检、活动保障等场合。

以大华无人机为例进行介绍，产品型号为 UAV-X1550V2（见图 5.26），其主要具备的功能如下。

- 无人机采用一体化设计，外形简洁，螺旋桨可拆装。
- 触屏遥控器集合了遥控器与触摸屏的优点，操作便捷、指示清晰。
- 机臂可重复折叠或拆卸。
- 各天线可重复折叠，便于携带、运输与存储。
- 螺旋桨采用可快速拆装结构。
- 天线可便捷地展开和折叠。
- 云台摄像机采用可快速拆装结构，安装螺钉固定在减震板上。
- 减震板和减震球协同工作，以实现云台摄像机的防抖功能。
- 可选工业级的 30 倍光学变倍可见光摄像机，具备专业的高清拍摄效果。
- 可选热成像摄像机，满足特殊场景的拍摄需求，如在火灾现场、夜晚等环境下能够拍摄清晰、高度还原的热图像。
- 遥控器具有抓拍和录像按键，操作便捷，可实时快速抓拍和开启录像。
- 内置 GPS，定位实时、精准。
- 无人机具有 4 根天线，用于建立与遥控器、图传设备的连接，收发无线电波信号。
- 遥控器具有 3 根天线，用于建立与无人机的连接，收发无线电波信号。
- 当无人机电量低于预算的安全返程值时，会自动触发低电量保护机制，包括报警、返航和原地降落。
- 具有剩余电量显示功能：无人机电池自带电量指示灯。
- 具有平衡充电保护功能：无人机自动平衡电池内部电芯电压，以保护电池。

- 具有过充电保护功能：当无人机过度充电时，电池会自动停止充电。
- 具有休眠保护功能：无人机电池开启后 5min 内不使用，将自动进入休眠状态。
- 具有充电温度保护功能：无人机电池充电的适宜温度为 0～45℃，超出该范围会停止充电，以防止损坏电池。
- 具有通信功能：遥控器可实时获取剩余电量、电压信息。
- 无人机采用多旋翼动力系统，可自由切换多种飞行模式，控制灵活。
- 支持双目避障、光流定位、RTK、断桨保护（六旋翼）。
- 支持开启电子围栏，防止无人机离开设置的飞行区域。
- 支持电子围栏区域的自定义设置。

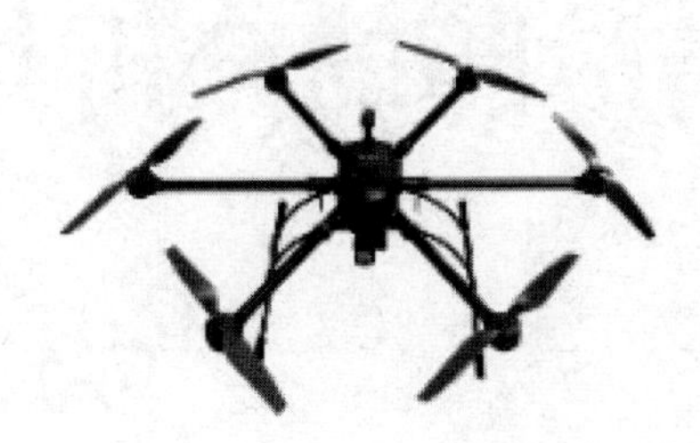

图 5.26　大华无人机外形示例

# 第6章 前端设备故障的分析与排除

## 知识目标

1. 熟悉前端设备故障分析的流程。
2. 了解前端设备的工作原理。
3. 熟悉前端设备的相关知识点。

## 能力目标

1. 能快速定位前端设备的故障原因。
2. 能准确排除前端设备故障。
3. 能合理总结前端设备的维修经验。

## 素质目标

1. 培养发现问题、分析问题、解决问题的能力。
2. 坚持尊重劳动、尊重知识、尊重人才、尊重创造。
3. 坚持解放思想、实事求是、与时俱进、求真务实。

# 6.1 家用摄像机网络不通故障的分析与排除

本节主要以大华品牌的家用摄像机为例，进行故障描述、维修流程分析、工作原理解析和故障定位及排除，并介绍网络链路工作原理及网络芯片相关知识。

## 6.1.1 故障描述

设备能正常启动，红外灯能点亮，使用配置工具（ConfigTool）无法搜索到设备的 IP 地址，使用设备时出现无法配置网络的情况。

## 6.1.2 维修流程分析

维修人员参照网络不通故障维修流程分析图（见图 6.1），逐步排查各故障点，从最基础的外观检查，到仪器测量，最后结合网络链路工作原理，找到异常点。维修人员在判定故障时应有完整的分析思路，尽可能罗列出每个可能的故障点，并逐个分析排查，最终将故障定位至最小模块。

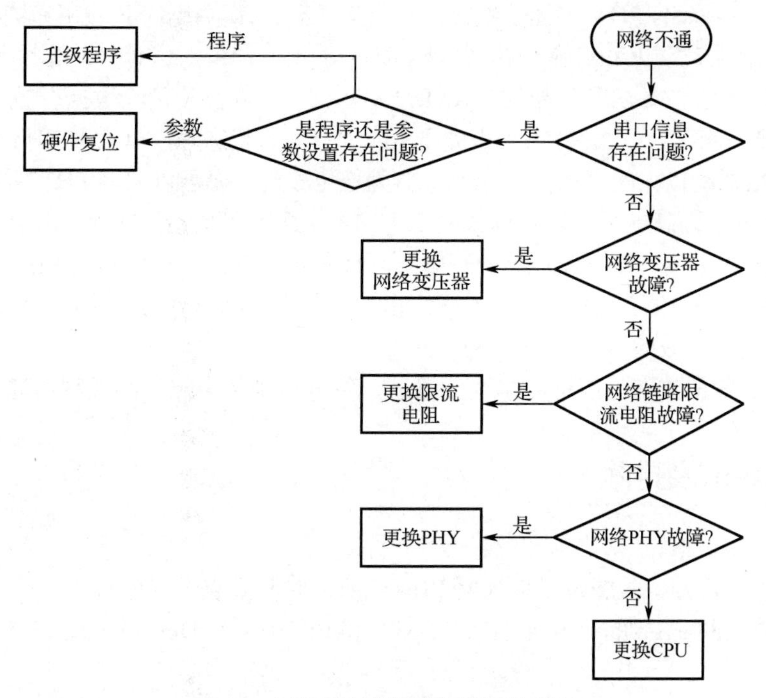


图 6.1　网络不通故障维修流程分析图

## 6.1.3 工作原理解析

网络模块主要实现网络通信功能。DSP（数字信号处理器）的内置 MAC 通过 RGMII（Reduced Gigabit Media Independent Interface，精简的吉比特介质独立接口）和 MDI（Media

Dependent Interface，介质相关接口）与以太网 PHY（外部信号接口芯片）进行通信，配置并且实现以太网电平转换。网络模块工作原理框图如图 6.2 所示。

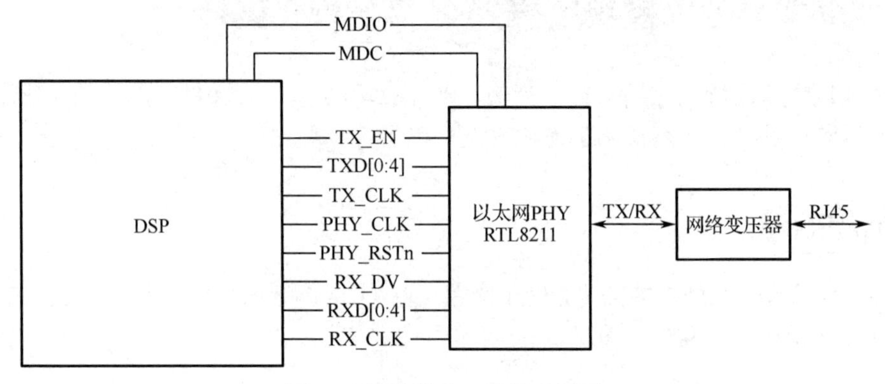


图 6.2　网络模块工作原理框图

DSP 通过 MDI 对以太网 PHY 进行配置。MDI 是一个双线制控制接口，包括时钟信号 MDC（最高频率可达 2.5MHz）和数据信号 MDIO。在每次系统上电后，程序启动中均会通过 MDI 对以太网 PHY 进行寄存器配置，实现网络通信功能。

DSP 通过 RGMII 与以太网 PHY 进行数据通信。RGMII 包括两组时钟，其中 PHY_CLK 为以太网 PHY 的工作主时钟，由 DSP 输出，频率为 25MHz；TX_CLK 和 RX_CLK 为数据通信时钟，所有发送到以太网 PHY 的通信数据信号均与 TX_CLK（由 DSP 输出）同步，所有 DSP 接收的通信数据信号均与 RX_CLK（由以太网 RHY 输出）同步，这对时钟的频率为 125MHz。

数据信号包括收/发各四条信号线（RXD/TXD[0:4]），以及其接收数据有效信号/发送使能信号 RX_DV/TX_EN。当以太网 PHY 未处于 Idle（空闲）状态时，以太网 PHY 输出 TX_EN，允许 DSP 发送数据给以太网 PHY。当 RX_DV 为低电平时，表示以太网 PHY 并未发送数据给 DSP，仅在 RX_DV 为高电平时表示以太网 PHY 输出了有效数据给 DSP。由于 AX630A DSP 的 RGMII 并没有 RXER（Receive Error）信号，且在协议中仅要求以太网 PHY 输出该信号，并不强制要求 MAC 接收该信号，因此本网络模块中并未包括该信号的通信。PHY_RSTn 表示以太网 PHY 低电平有效的复位信号。

以太网 PHY 输出的信号经过网络变压器后，经网口到达用户，实现网络通信功能。

### 6.1.4　故障定位及排除

故障定位步骤如下。

经过前期检测可知，故障位于以太网 PHY，所以对其重点进行分析。

（1）检测以太网 PHY 的 PIN14（DVDD33）和 PIN30（AVDD33）是否有 3.3V 电压输入，如图 6.3 所示。

（2）检测以太网 PHY 的 PIN32（CKXTAL2）是否有 25MHz 时钟信号，如图 6.3 所示。

（3）检测网络变压器两端的通信，如图 6.4 所示。检测以太网 PHY 与网络变压器（PIN1、PIN3、PIN6、PIN8）之间的通信，正常输出波形如图 6.4（a）所示；检测网络变压器（PIN9、PIN11、PIN14、PIN16）与线缆之间的通信，正常输出波形如图 6.4（c）所示。

检测以太网 PHY 与 CPU 的通信，如图 6.5 所示。在用示波器检测以太网 PHY 与 CPU 之间的网络传输信号 ENET-RXD0 和 ENET-RXD1（以太网 PHY 的 PIN9、PIN10）时发现波形异常，在用示波器检测以太网 PHY 与 CPU 之间的网络传输信号 ENET-TXD0 和 ENET-TXD1（以太网 PHY 的 PIN16、PIN17）时发现波形也异常。

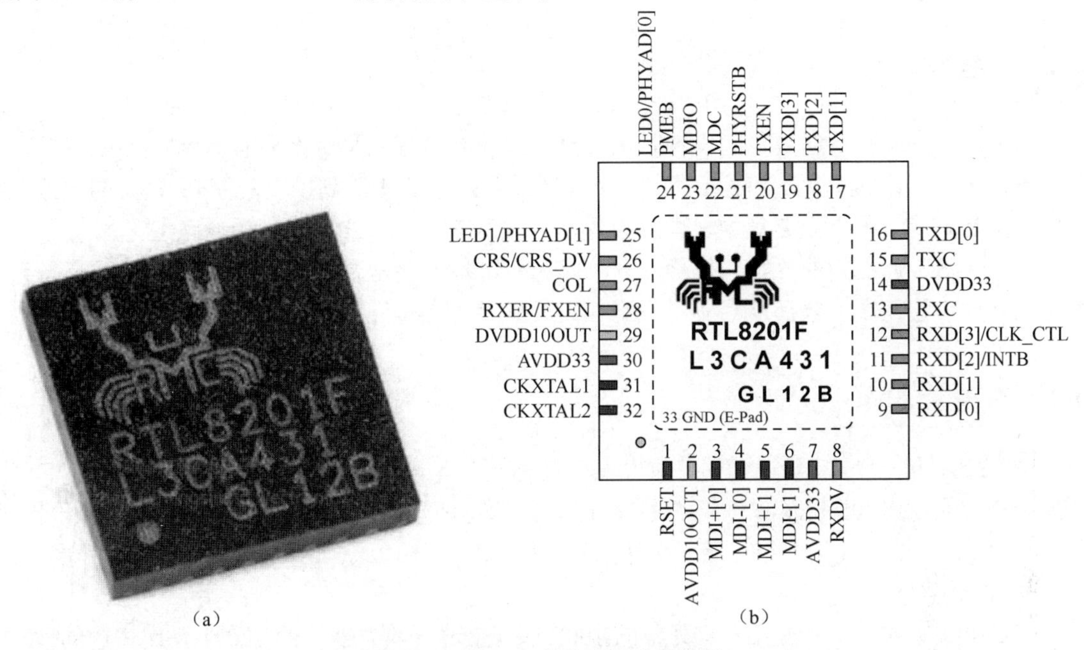


（a）　　（b）

图 6.3　RTL8201 的外观及引脚排列

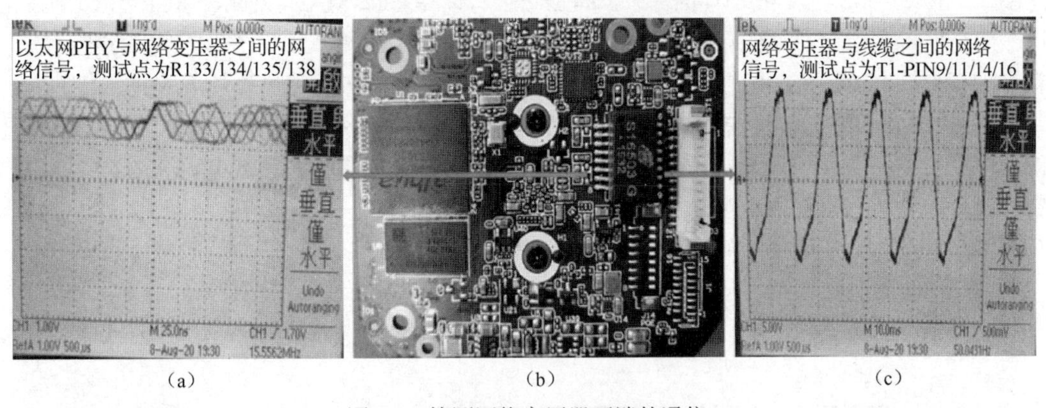


（a）　　（b）　　（c）

图 6.4　检测网络变压器两端的通信

（a）　　（b）　　（c）

图 6.5　检测以太网 PHY 与 CPU 的通信

（4）用万用表检测图 6.3 中的 PIN9、PIN10、PIN16、PIN17 的对地阻抗是否正常，正常则说明这 4 个信号测试点无短路、开路现象。

因此，可初步判断故障是以太网 PHY 或 CPU 性能不良导致的，尝试更换以太网 PHY 后网络恢复正常，该设备修复成功。

### 6.1.5 维修小结

（1）在维修网络不通故障的设备时也可以通过看网口灯的亮、灭来缩小故障范围。在一般情况下，网口灯不亮时故障点主要集中在尾线线缆及网络变压器到以太网 PHY 之间的通路上；网口灯正常亮时故障点主要集中在软件设置及以太网 PHY 与 CPU 之间的通路上。

（2）网络不通故障的分析与排除，一般先观察设备外观是否有损坏、烧坏情况，再排查是否存在软件设置问题，最后从易到难逐一排查硬件及外围电路的问题。

### 6.1.6 相关知识点

RTL8201 是一个单端口的 PHY 收发器，只有一个 MI/SN（介质独立/串行网络）接口。它实现了全部的 10/100Mbit/s 以太网 PHY 功能，包括物理层编码子层（PCS）、物理层介质连接设备（PMA）、双绞线物理层介质相关子层（TP-PMD）、10Base-TX 编解码和双绞线介质访问单元（TP-MAU）。

光纤 PECL 接口支持连接一个外部的 100Base-FX 光纤收发器。RTL8021 使用先进的 MOS 工艺制作，以满足低电压、低功耗的需求。RTL8201 可以在 NC、MAU、CNR、ACR、以太网 HUB 及以太网交换机中使用。另外，它也可以用于任何有以太网 MAC 且需要一个物理上的双绞线连接，或者有一个光纤 PECL 接口以连接一个外部的 100Base-FX 光纤收发器模块的嵌入式系统。

PHY 的硬件系统是比较复杂的，如图 6.6 所示，PHY 与 MAC 相连，MAC 与 CPU 相通，PHY 与 MAC 通过 MII 和 MDIO/MDC 相连，MII 用于传输网络数据，MDIO/MDC 用于与 PHY 的寄存器通信，对 PHY 进行配置。类似的交换机（Switch）一般也有两种接口，其中 MII 用于传输网络数据，SPI 用于设置交换机的寄存器。

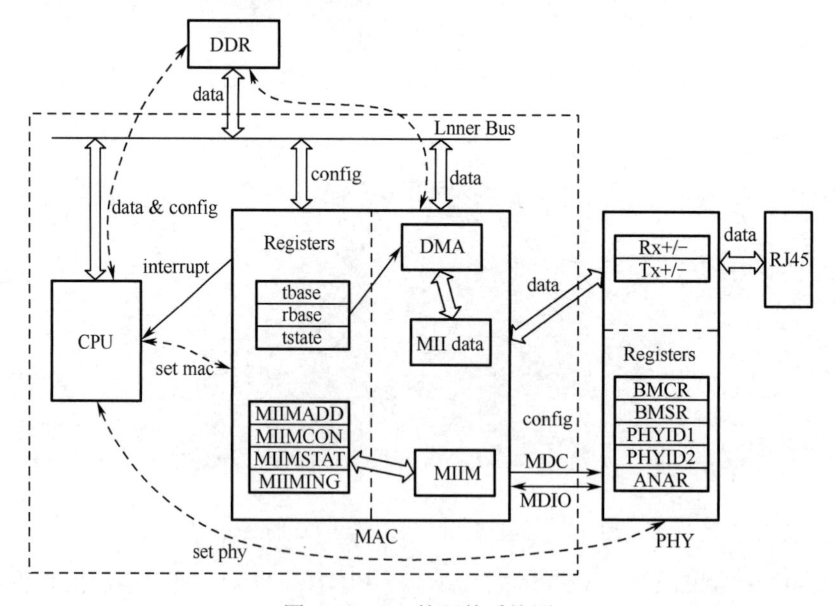


图 6.6　PHY 的硬件系统图

RTL8201 是单端口 10/100Mbit/s 以太网 PHY 接收器，支持 MII（介质独立接口）、RMII（精简介质独立接口）两种模式，可以通过管理接口 MDIO 和 MDC 的配置来改变模式。

MII 模式：支持 10Mbit/s 和 100Mbit/s 的操作，操作灵活，但有一个缺点，即一个接口用的信号线太多，如图 6.7 所示。

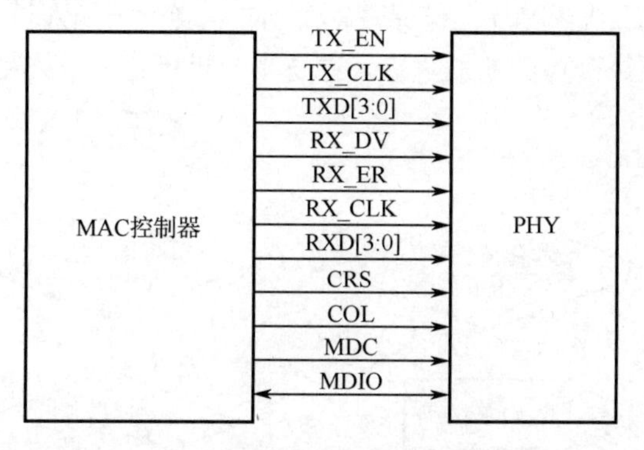


图 6.7　MII 模式

RMII 模式：数据的接收信号线（RXD[1:0]）和发送信号线（TXD[1:0]）只有 4 根，是 MII 模式的一半，所以一般要求总线时钟频率为 50MHz，是 MII 模式的两倍，如图 6.8 所示。

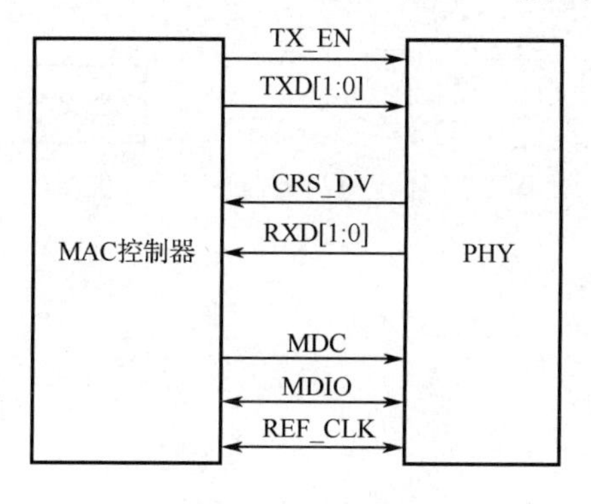


图 6.8　RMII 模式

## 6.2　枪型摄像机不上电故障的分析与排除

本节主要以小区某个枪型摄像机无法正常供电为例，进行故障描述、维修流程分析、工作原理解析和故障定位及排除，并介绍同步降压 DC/DC 转换器的工作原理和外围主要元件的作用，以及电压输出异常时的维修思路和关键元件测试点。

### 6.2.1　故障描述

某小区监控大屏上有一个点位无法正常显示监控图像，经过初步排查，其他设备均正常，可排除整体供电异常情况，锁定故障为枪型摄像机自身无法正常启动工作。

### 6.2.2 维修流程分析

维修人员参照不上电故障维修流程分析图（见图 6.9），逐步排查各故障点，从最基础的外观检查，到仪器测量，最后结合芯片工作原理，找到异常点。维修人员在判定故障时应有完整的分析思路，尽可能罗列出每个可能的故障点，并逐个分析排查，最终将故障定位至最小模块。

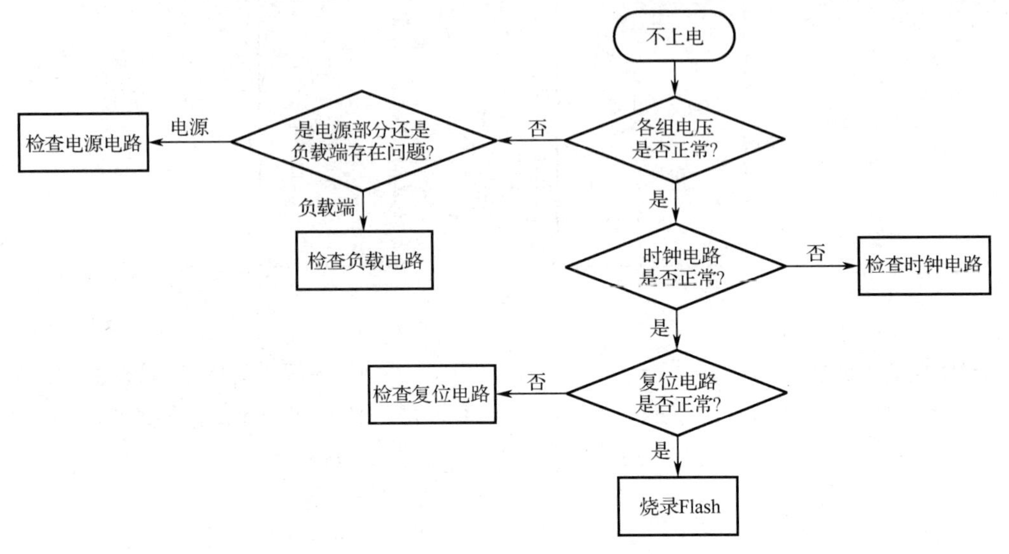


图 6.9　不上电故障维修流程分析图

### 6.2.3 工作原理解析

（1）设备上电时序。

根据图 6.10 可以看出，设备上电所需电压有一个时间差，先从 12V 开始（图 6.10 中未体现 12V），逐级通电 5V，再到 3.3V、1.8V、1.5V、1.0V，最后到内核（Core）电压。不同 CPU、CMOS 图像传感器要求的供电电压不同，在一般情况下，IPC 的上电时序是由高到低的。每级电压正常工作后均会输出一个高电平信号作为下一级电压的使能开关，所以在排查电源有无输出问题时，务必确保使能信号为高电平且知道此高电平由哪边提供。

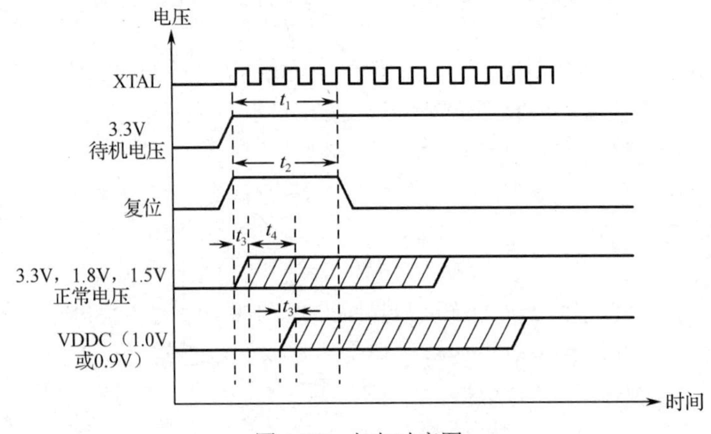


图 6.10　上电时序图

（2）上电时序设计说明。

5V 优先上电，由 5V 使能并供电产生 3.3V—1.8V—1.5V—1.0V 电压，时间间隔通过 EN 引脚的 RC 组合实现 1.0V 电源由 3.3V 使能，使能电平 $VIH_{min}$=1.2V。

## 6.2.4 故障定位及排除

故障定位步骤如下。

（1）检测图 6.11 中芯片 U22 的 PIN3（VIN）是否有 5V 输入。

（2）检测图 6.11 中芯片 U22 的 PIN4（SW）是否有 0.9V 输出。

（3）检测图 6.11 中芯片 U22 的 PIN5（EN）的电压是否正常（1.2V 左右），需要清楚此电压由芯片 U19 的 PIN4 输出电压（3.3V）提供，同时需要检测芯片 U19 的 PIN4（SW）是否有 3.3V 输出。

（4）检测图 6.11 中芯片 U22 的分压电阻（R421、R423、R424）是否有开路现象。

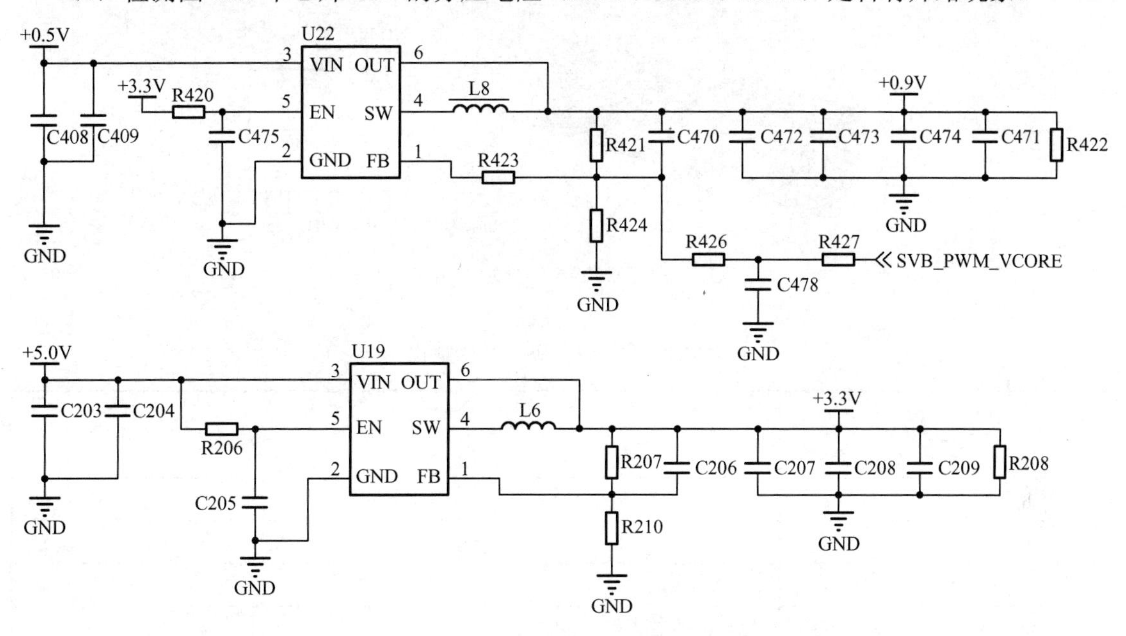


图 6.11 电源芯片电路

本案例中枪型摄像机不上电原因是芯片 U22 的 PIN5（EN）信号为低电平，导致 U22 未工作。反查源头，即 U19 的 PIN4 输出电压正常，此时基本可判定 U22 的使能电压电路故障，经过检测发现，R420 失效，导致 EN 信号中断，更换 R420 后，该设备修复成功。

## 6.2.5 维修小结

通过本次维修分析了解 BUCK 降压器的工作原理，在分析过程中要注意电源部分是否有上电时序，只有了解了上电时序，才能通过检测判断故障出在哪里。遇到问题时不要急于更换电源芯片，要先根据电路原理测量对应的关键（供电、使能）电压点与关键阻容元件的阻抗（对比法测量），缩小故障范围，从而达到提高维修效率、降低维修成本的目的。

### 6.2.6 相关知识点

DC/DC 转换器为将输入电压转换为有效固定输出电压的电压转换器。DC/DC 转换器是开关电源芯片，利用电容、电感的储能特性，通过可控开关（MOSFET 等）实现高频开关的动作，将输入的电能储存在电容（或电感）里，当开关断开时，再将电能释放给负载，为其提供能量。其输出功率或电压的能力与占空比（由开关导通的时间与整个开关的周期的比值）有关。开关电源可以用于升压和降压。

TLV62569A 是同步降压 DC/DC 转换器，其外观及引脚排列如图 6.12 所示，引脚功能如表 6.1 所示，针对高效率和紧凑型解决方案进行了尺寸优化。TLV62569A 集成了开关，能够提供高达 2A 的输出电流。在整个负载范围内，TLV62569A 工作在脉冲宽度调制（PWM）模式，开关频率为 1.5MHz。当开关关断时，电流消耗降至 2μA 以下。其内部软启动电路限制启动期间的浪涌电流。TLV62569A 还内置了其他功能模块，如过流保护模块、热关断保护模块和电源模块。

图 6.12　TLV62569A 的外观及引脚排列

**表 6.1　TLV62569A 的引脚功能**

| 引脚 | | 说明 |
|---|---|---|
| 序号 | 名称 | |
| 1 | FB | 转换器输入反馈，连接输出电压与反馈电阻分压器 |
| 2 | GND | 接地 |
| 3 | VIN | 连接输入电压 |
| 4 | SW | 连接 NFET 高端与低端的转换开关节点 |
| 5 | EN | 使能端（高电平时工作） |
| 6 | NC/PG | 空引脚 |

## 6.3 半球型摄像机监控图像花屏的分析与排除

本节主要以某小学教室内前端半球型摄像机监控图像花屏为例，进行故障描述、维修流程分析、工作原理解析和故障定位及排除，同时介绍摄像机的基本结构和图像传感器的工作原理。

### 6.3.1 故障描述

某小学工作人员现场巡查监控设备，发现某间教室内一个监控图像出现花屏及卡顿问题，经初步排查网线、交换机等环节，判断故障为前端半球型摄像机本身存在问题。

### 6.3.2　维修流程分析

维修人员参照监控图像花屏故障维修流程分析图（见图 6.13），逐步排查各故障点，从最基础的外观检查，到仪器测量，最后结合芯片工作原理，找到异常点。维修人员在判定故障时应有完整的分析思路，尽可能罗列出每个可能的故障点，并逐个分析排查，最终将故障定位至最小模块。

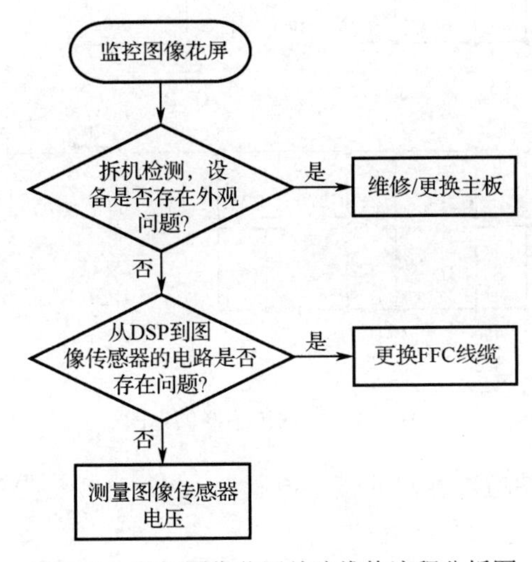


图 6.13　监控图像花屏故障维修流程分析图

### 6.3.3　工作原理解析

（1）摄像机的基本结构。

一般来说，摄像机主要由镜头和图像传感器两部分组成，有的图像传感器集成了 DSP，有的图像传感器没有集成 DSP，需要外部 DSP 来进行处理。摄像机的工作原理如图 6.14 所示。

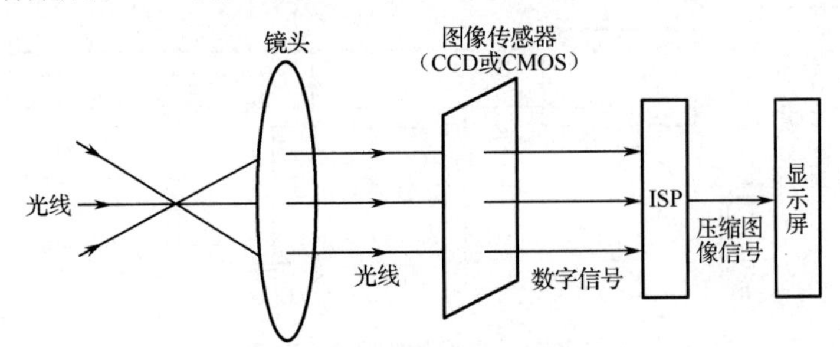


图 6.14　摄像机的工作原理

① 一般摄像机的镜头由几片透镜组成，有塑胶透镜和玻璃透镜。

② 图像传感器是一种半导体器件，有两种类型：CCD 图像传感器和 CMOS 图像传感器。图像传感器先将从镜头上传导过来的光线转换为电信号，再通过内部的 A/D（模/数）转换器将电信号转换为数字信号。由于图像传感器的每个像素只能感 R 光或 B 光或 G 光，因此每个像素此时存贮的光是单色的，称为 RAW DATA（原数据）。要想将每个像素的 RAW DATA 还

原成三基色，需要通过 ISP（图像信号处理器）来进行处理。

③ ISP 主要完成数字信号的处理工作，把图像传感器采集到的原始数据转换为显示屏支持的格式。

（2）图像传感器供电图如图 6.15 所示。

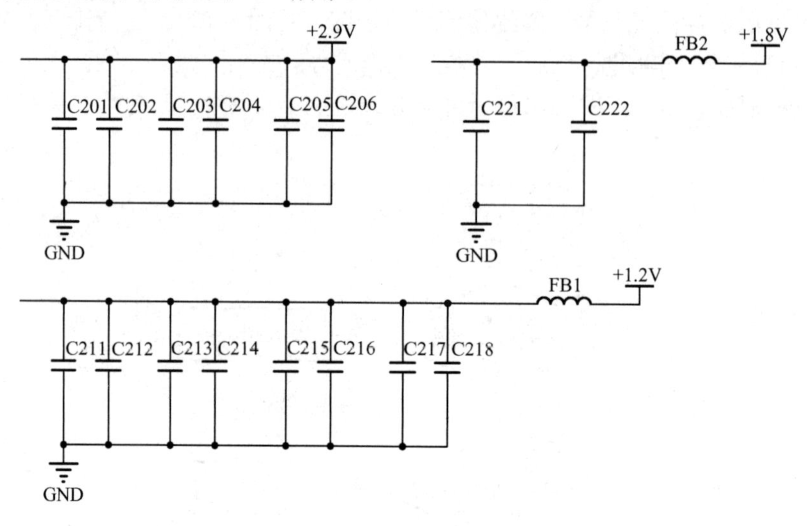


图 6.15 图像传感器供电图

从图 6.15 中可看出，图像传感器的核心电压为 1.2V、1.8V、2.9V。

## 6.3.4 故障定位及排除

故障定位步骤如下。

（1）检测待修设备 FFC 线缆有无损坏，可以更换 FFC 线缆进行对比测试。

（2）测得图像传感器供电芯片 U19 的 PIN3 电压为 1.8V，PIN5 电压为 2.9V，如图 6.16 所示。

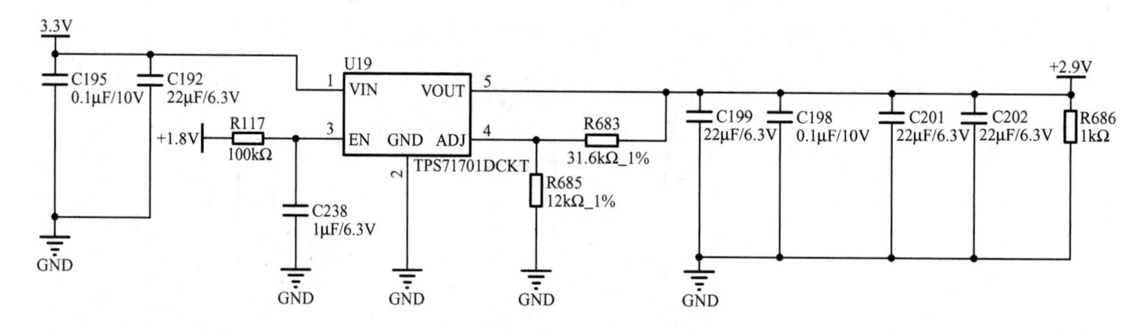


图 6.16　图像传感器供电芯片

（3）测量供电输出引脚对地阻抗，查看其是否正常，进行对比测试，以确认设备芯片是否损坏。

（4）测得 J10 PIN37 对地阻抗偏小，取下 FFC 线缆，测量图像处理器方向的阻值，测得 CMOS 图像传感器的阻抗偏小，如图 6.17 所示。

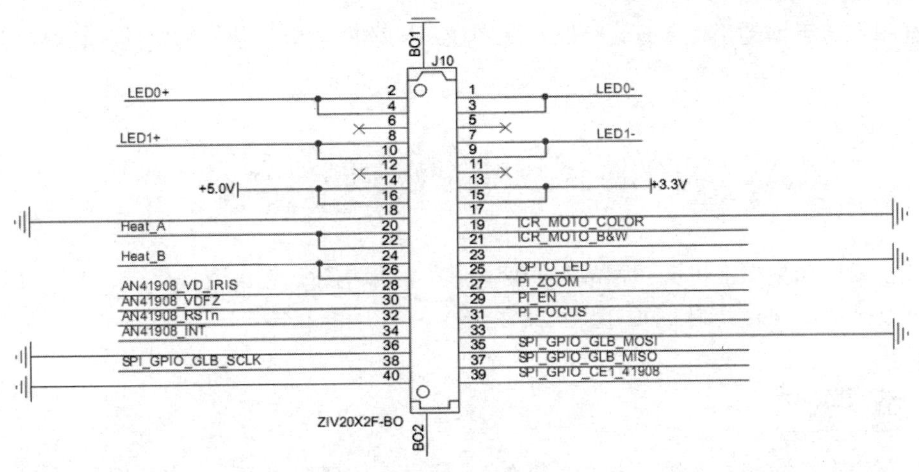


图 6.17　接口图

（5）可判断出图像传感器存在问题，更换图像传感器后测试结果正常。

本案例中，监控图像花屏是因为图像传感器存在问题，对比测试关键点可准确判断设备故障信息。

## 6.3.5　维修小结

在维修存在监控图像花屏故障的半球型摄像机过程中，应按照设备工作原理逐步排查问题。在排查思路不清晰时，不要盲目拆件、换件。尽量理解设备工作原理，用简单的排除法定位设备的故障。

## 6.3.6　相关知识点

图像传感器的工作原理如图 6.18 所示，外部光线穿过镜头后，经过滤光片滤波后照射到图像传感器上，图像传感器先将从镜头上传导过来的光线转换为电信号，再通过内部的 A/D 转换器将电信号转换为数字信号。如果图像传感器没有集成 DSP，则通过 DVP（数字视频端口）的方式将数据传输到基带，此时的数据格式是 RAW DATA。如果图像传感器集成了 DSP，则 RAW DATA 经过自动白平衡（AWB）、颜色矩阵（Color Matrix）、镜头校正（Lens Correction）、伽马校正（Gamma Correction）、锐度调节（Sharpness Adjustment）、自动曝光（AE）和降噪（De-Noise）处理后输出 YUV 或 RGB 格式的数据。最后由 CPU 送到 framebuffer（帧缓冲）中进行显示，这样就可以看到摄像机拍摄到的图像了。

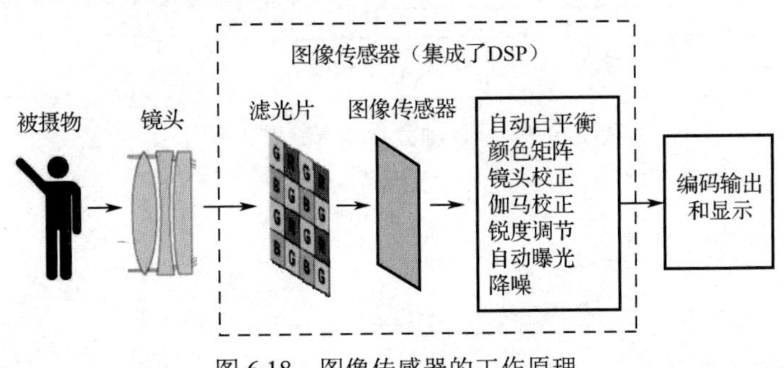


图 6.18　图像传感器的工作原理

根据图像传感器的工作原理，可以查看图像传感器的供电和数据传输路径，测量关键点的电压。

## 6.4 球型摄像机无图像故障的分析与排除

本节主要以球型摄像机无图像故障为例，进行故障描述、维修流程分析、工作原理解析和故障定位及排除，同时介绍 LDO 稳压器的结构、引脚功能和特点。

### 6.4.1 故障描述

某广场的一个球型摄像机，待上电自检后，通过浏览器登录网页，安装插件，但是无图像，过一会设备自动重启，一直重复此过程。

### 6.4.2 维修流程分析

维修人员参照无图像故障维修流程分析图（见图 6.19），逐步排查各故障点，从最基础的外观检查，到仪器测量，最后结合芯片工作原理，找到异常点。维修人员在判定故障时应有完整的分析思路，尽可能罗列出每个可能的故障点，并逐个分析排查，最终将故障定位至最小模块。

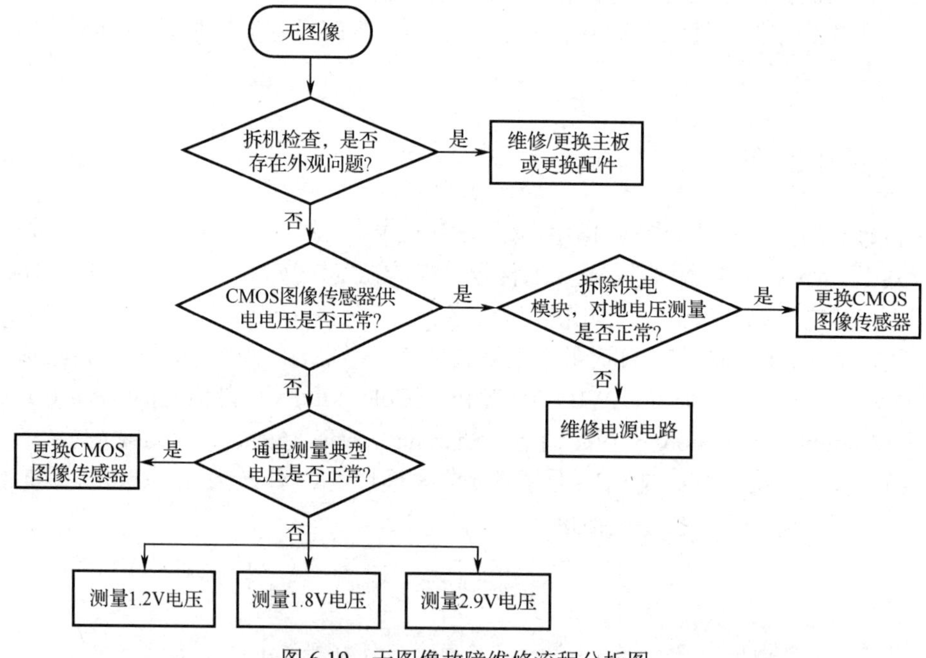


图 6.19　无图像故障维修流程分析图

### 6.4.3 工作原理解析

（1）设备电源模块上电时序：3.3V—2.9V—1.8V—1.2V。

给 CMOS 图像传感器供电的 2.9V、1.8V、1.2V 电压均由 3.3V 稳压电源产生，CMOS 图像传感器先将从镜头上传导过来的光线转换为电信号，再通过内部的 A/D 转换器将电信号转换为数字信号，经 40 芯接口传入 ISP。ISP 用于完成数字信号的处理工作。

（2）电源模块的工作原理图如图 6.20 所示。

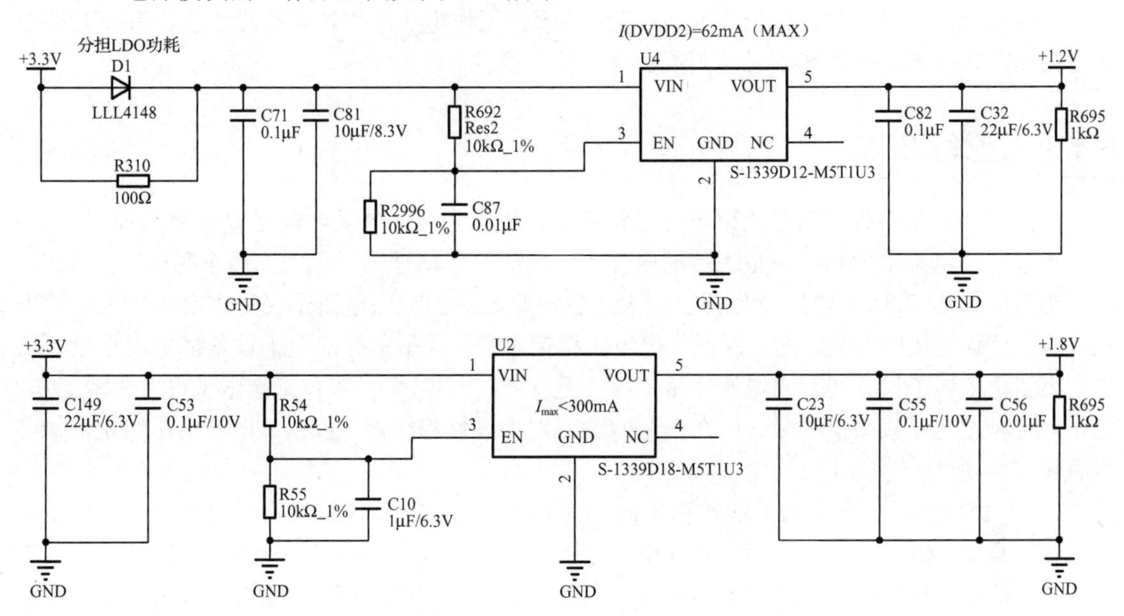


图 6.20　电源模块的工作原理图

### 6.4.4　故障定位及排除

故障定位步骤如下。

（1）检测图 6.20 中芯片 U2 的 PIN1（VIN）是否有 3.3V 电压。

（2）检测图 6.20 中芯片 U2 的 PIN3（EN）是否为高电平。

（3）检测图 6.20 中芯片 U2 的 PIN5（VOUT）是否有 1.8V 电压。

（4）检测图 6.20 中芯片 U4 的 PIN1（VIN）是否有 3.3V 电压。

（5）检测图 6.20 中芯片 U4 的 PIN3（EN）是否为高电平。

（6）检测图 6.20 中芯片 U4 的 PIN5（VOUT）是否有 1.2V 电压。

本案例中，球型摄像机无图像的原因是芯片 U4 的 PIN5（VOUT）电压为 0V，对芯片 U4 的输入端检查，发现二极管 D1 损坏，导致芯片 U4 对 CMOS 图像传感器供电的电压缺少 1.2V。实物电路如图 6.21 所示。CMOS 图像传感器未工作，无图像码流产生，因此主控模块检测不到 CMOS 信号一段时间后，重启系统，重新检测。

图 6.21　实物电路

### 6.4.5 维修小结

在维修无图像设备时，根据 CMOS 图像传感器工作电压逐步排查故障点位，有针对性地排查问题。在排查思路不清晰时，不要盲目拆件、换件。

### 6.4.6 相关知识点

便携电子设备不管是由交流市电经过整流（或交流适配器）后供电，还是由蓄电池组供电，在工作过程中电源电压都将在很大范围内变化。例如，单体锂离子电池充足电时电压为 4.2V，放完电后电压为 2.3V，电压变化范围很大。各种整流器的输出电压不仅受市电电压变化的影响，还受负载变化的影响。为了保证供电电压稳定不变，几乎所有的电子设备都采用稳压器供电。小型精密电子设备还要求电源非常干净（无纹波、无噪声），以免影响电子设备正常工作。为了满足精密电子设备的要求，应在电源的输入端加线性稳压器，以保证电源电压恒定，并实现有源噪声滤波。

LDO 稳压器是一种低压差线性稳压器，其低压是相对于传统线性稳压器来说的。传统线性稳压器，如 78XX 系列的芯片，要求输入电压比输出电压至少高出 2～3V，否则就不能正常工作。但是在一些情况下，这样的条件显然太苛刻了，如 5V 转 3.3V，输入与输出之间的压差只有 1.7V，显然这是不满足传统线性稳压器的工作条件的。当输入电压在 5V 以下、输出电流在 1A 以下时，优先考虑选用 LDO 稳压器。

LDO 稳压器相比 DC-DC 稳压器，具有成本低、噪声低、静态电流小等突出优点。它需要的外接元件也很少，通常只需要一两个旁路电容。新的 LDO 稳压器可达到以下指标：输出噪声为 30μV，PSRR 为 60dB，静态电流为 6μA，电压降只有 100mV。

本案例中的 U2 和 U4 为 LDO 稳压器，如图 6.22 所示。S-1339D 系列贴片式器件的输入电压在 1.4V 到 5.5V 之间，输出电压可在 0.8～3.3V 的范围内设定。芯片的 PIN1（VIN）为电源输入端，PIN2（GND）为电源地，PIN3（EN）为使能端，PIN4（NC）为空闲端，PIN5（VOUT）为电源输出端。

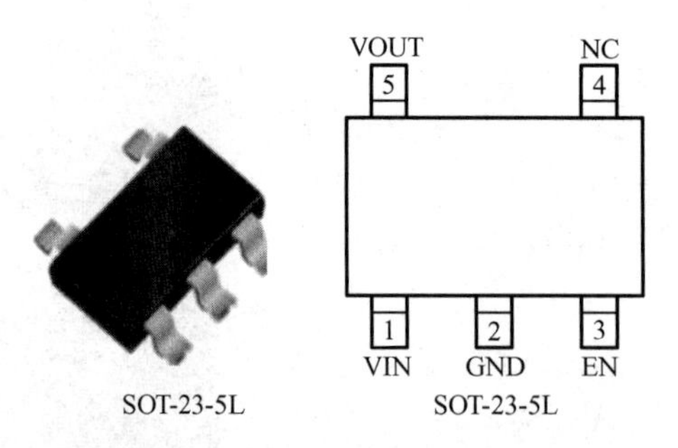


图 6.22　LDO 稳压器的外观及引脚排列

智能楼宇管理机升级程序和写入 License 等操作方法

## 6.5 全景摄像机画面不全故障的分析与排除

本节主要介绍守望者摄像机的维修思路与工作原理，以及多目全景摄像机各图像间的关系，从而使维修人员可以快速、精准地定位故障并修复设备。

## 6.5.1 故障描述

某大型会议现场的全景摄像机，细节相机（可变焦带云台的机芯部分）图像正常，多目拼接图像有显示框，但个别图像会出现全黑、显示不全、花屏、红屏等故障。

## 6.5.2 维修流程分析

如图 6.23 所示，画面不全故障维修按照先软件、后硬件的检修顺序进行。软件检修可以通过查看 BOOT 参数、SSH 登录查看各路图像判断故障源。硬件检修采用排除法，对电源、交换机、现场可编程门阵列（FPGA）、传感器（Sensor）逐一排除各点的故障。维修人员在判定故障时应有完整的分析思路，尽可能罗列出每个可能的故障点，并逐个分析排查，最终将故障定位至最小模块。

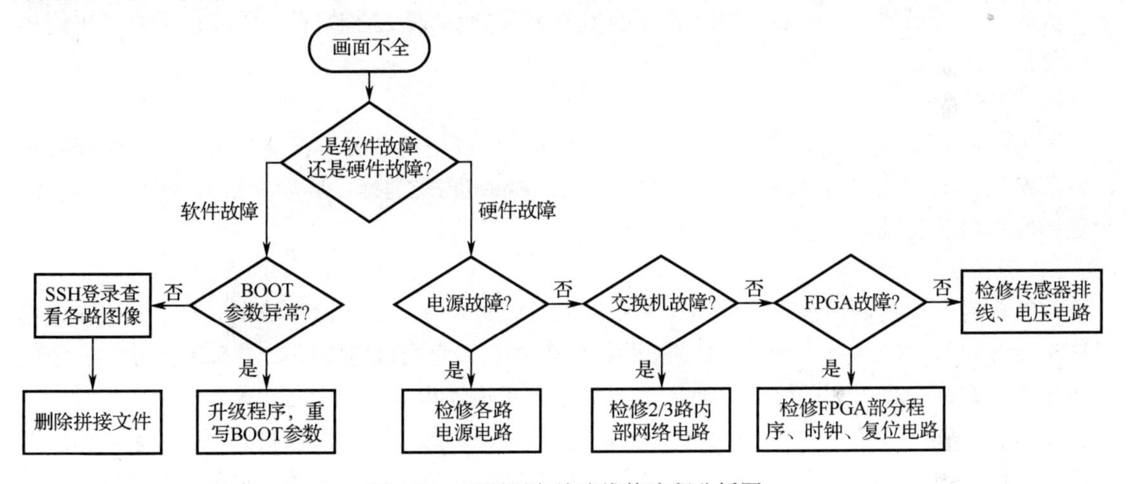


图 6.23　画面不全故障维修流程分析图

## 6.5.3 工作原理解析

一代守望者摄像机的功能模块关系如图 6.24 所示，它以 4 个传感器为一组将视频图像信息传输到 FPGA（四目只有一组），再由 FPGA 传输到 DSP 进行处理，最后以网络信号的方式经交换机送到机芯内解码组成全景图像。因此，一代守望者摄像机以机芯为主、DSP（IPC 部分）为辅，即设备搜索到的 IP 是机芯的 IP。

二代守望者摄像机的功能模块关系如图 6.25 所示，其结构比一代守望者摄像机简单，只用了一个 DSP，并且能根据不同需求场景更换不同的细节相机机芯。它以 4 个传感器为一组先将视频图像信息传输到 FPGA，再由 FPGA 传输到 DSP，同时细节相机机芯的图像也会以网络方式经由交换机传输到 DSP 解码组成全景图像。因此，二代守望者摄像机以 DSP（IPC 部分）为主、机芯为辅，即设备搜索到的 IP 是 DSP 的 IP。

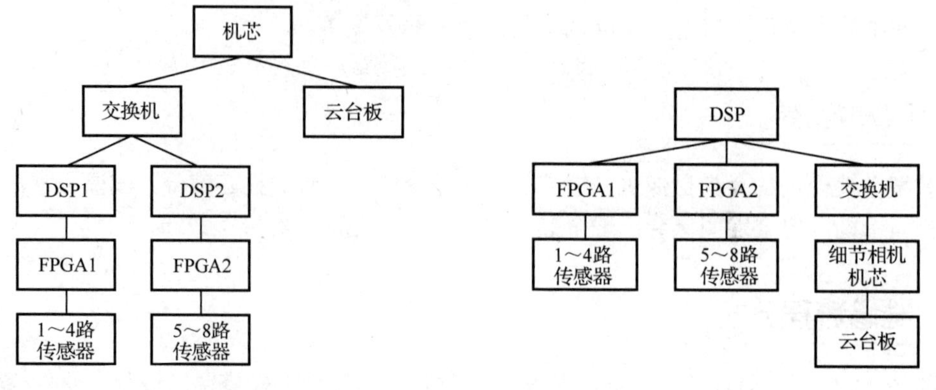


图 6.24　一代守望者摄像机的功能模块关系　　图 6.25　二代守望者摄像机的功能模块关系

## 6.5.4　故障定位及排除

因为守望者摄像机由机芯、DSP 和交换机三大部分组成，结构复杂，所以在维修时采用排除法是最好的选择。

**1．机芯部分维修**

因为机芯是 U 系列机芯或 V/W 系列机芯，所以可以用机芯工装直接测试，测试维修时写单机芯参数，测试正常后改回参数（包括 HWID、autolipIP 地址、环境参数），硬件维修方法与普通网络机芯相同。

**2．交换机部分维修**

交换机是一个带四口全千兆网络交换机的芯片，对外有一个网口和一个光口（一代守望者摄像机无光口），对内有一个机芯网口和两个 DSP 网口。交换机电路图如图 6.26 所示，左边的每 8 条线路组成一个千兆网络信号通道（二代守望者摄像机只有一个对内网口）。

最好的测试方法是对每个部分进行串口升级，如一代守望者摄像机的 IPC 部分有两个 DSP，可分别进行串口升级，以确认 DSP 与交换机接口正常。当 4 个网口全不通时，要检测它的电源、时钟和复位电路是否正常。

机芯写单机芯参数，并在搜索到机芯 IP 后测试云台和导电滑环转动时是否掉线，避免导电滑环或连接线类问题导致画面时好时坏。导电滑环的主要功能是在两个相对旋转的部件之间传输电能或信号，同时确保它们之间可以自由旋转而不会相互干扰。

需要注意的是，每部分网络上一级都有一个网络芯片，机芯连接部分还有一个网络变压器，维修时需要注意检查。

**3．DSP 部分维修**

（1）电源部分。

大华产品后台 SHH 登陆与参数写入指导

出于功率和设计原因，电源由两个 MOS 管和一个电源管理芯片组成 DC36V 转 DC12V 电路，并且有两三个相同的电路，分别为两个 DSP 和机芯云台供电，其他 DC 转 DC 电路与普通 IPC 电路相同，按电压由大到小的时序检测维修即可。

（2）DSP 部分。

二代守望者摄像机只有一个 DSP，所以用普通 IPC 方法维修即可。

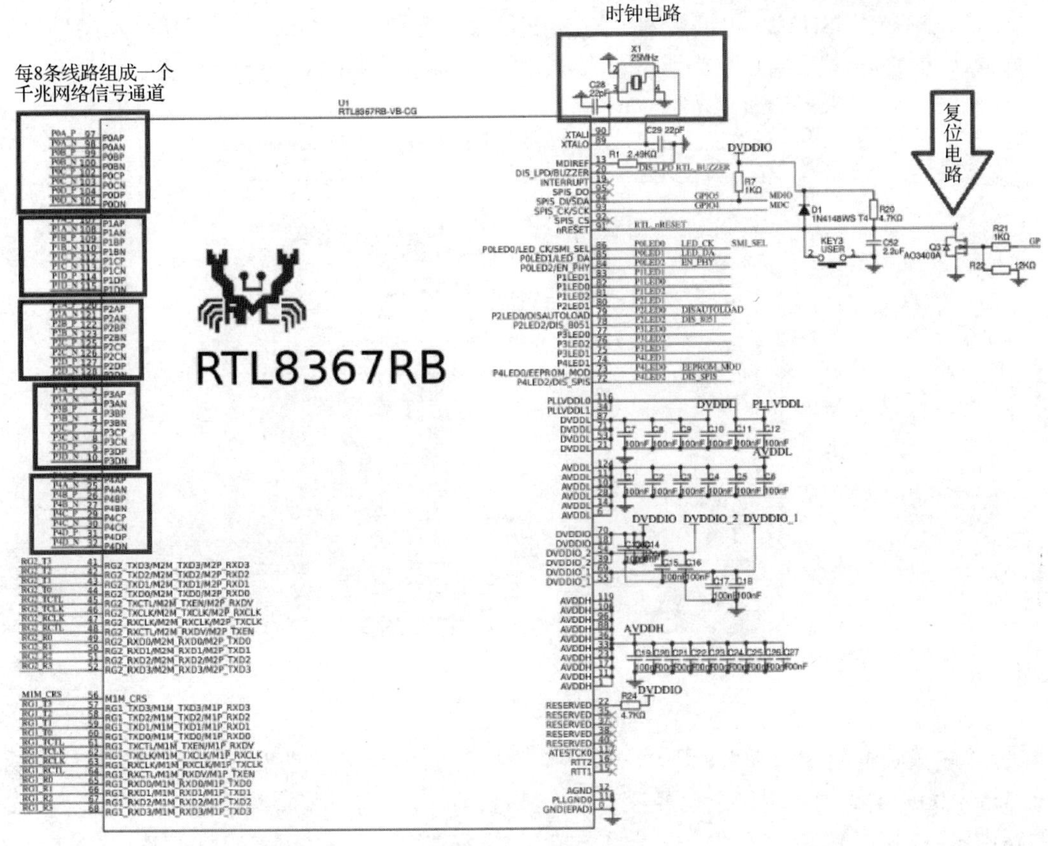


图 6.26　交换机电路图

一代守望者摄像机的 8 目有两组 DSP，但两组 DSP 电路相同。把机芯写为 5 目的 BOOT 参数，DSP 部分的 autolipIP 参数对换，分别测试，设备启动后显示的是 5 目图像。此外，也可以拆除 DSP 的晶振，让一组 DSP 不启动，测试另一组 DSP，这样可以排除一组 DSP 的故障，不良部分用普通 IPC 方法维修。

（3）FPGA 与传感器部分。

因为 DSP 一般只提供一个对外传感器接口，而全景需要 4/8 个图像，所以在守望者摄像机中，FPGA 只作为扩展部分使用。

一代守望者摄像机的 FPGA 是有单独程序的，维修方法与普通 FPAG 相同。需要注意的是，当设备无图像、花屏时，首先要做的就是通过 SSH 登录，删除拼接文件，登录确认正常后再进行硬件维修。

（4）SSH 登录操作方法。

① 安装并打开 SecureCRT，单击“快速连接”按钮，如图 6.27 所示。

图 6.27　单击“快速连接”按钮

② 协议选择“SSH2”，主机名为服务器 IP 地址，端口为 SSH 端口，默认为“22”，防火墙选择默认的“None”，用户名为服务器登录的用户名，如图 6.28 所示。

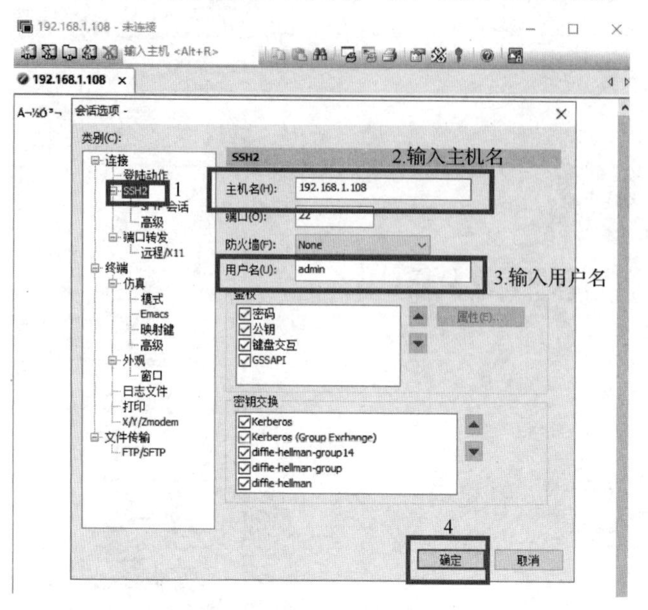


图 6.28 设置连接参数

③ 终端只负责显示和输入，程序在远程主机上运行。在计算机普及的今天，VT100（Virtual Terminate 100）这类的专用终端已经逐渐退出舞台，不过仍有一些特殊设备，如带有 Console 口的路由器、交换机等需要将终端作为用户界面。选择“终端”→“仿真”，终端选择“VT100”，勾选“ANSI 颜色”复选框，如图 6.29 所示。

④ 如果在服务器上修改文件脚本后出现乱码，则只要把字符编码设置为 UTF-8 即可，如图 6.30 所示。

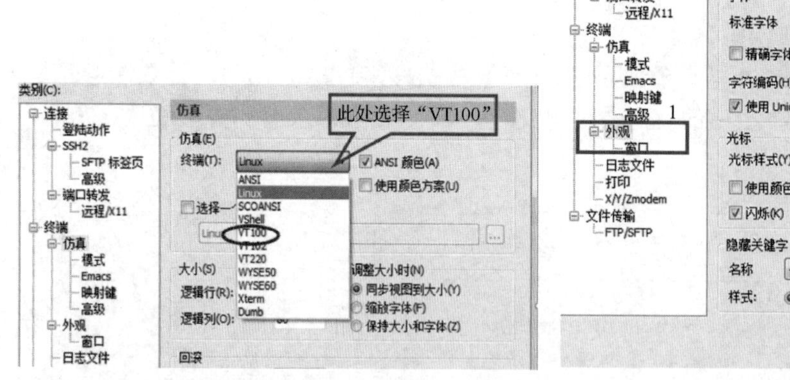


图 6.29 设置终端

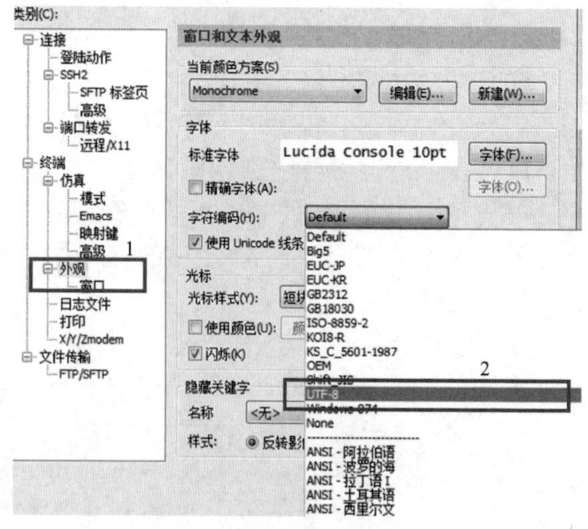


图 6.30 设置字符编码

⑤ SecureCRT 连接后如果较长时间不用就会掉线，这往往会造成工作状态的丢失。采用如图 6.31 所示的设置可以始终保持 SecureCRT 连接。

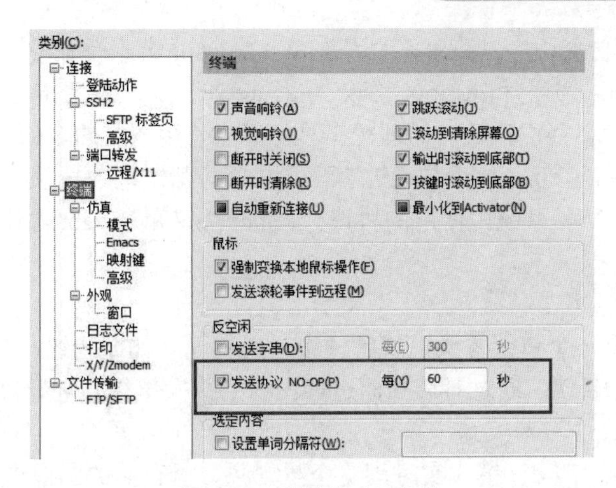


图 6.31　设置长时间在线

## 6.5.5　维修小结

（1）一代守望者摄像机以机芯为主，机芯程序和 DSP 程序要相同，或者机芯程序版本要高于 DSP 程序，否则可能导致开不了机。

（2）机芯、DSP 部分的编码和解码需要一个约定的 IP，即 autolipIP ，如果 autolipIP 不对，则会不开机，自动重启，或者解码不出辅路图像。

（3）二代守望者摄像机程序，按单机芯参数升级。

（4）设备的参数测试后一定要改回来。在维修时，烧录 Flash、更换机芯和 DSP 后一定要再三检查 HWID、autolipIP、MAC 的 BOOT 参数和网络参数。

（5）设备每改一次参数或每进行一次串口升级，就要用清配置命令（erase config 和 erase backup）清除一次。

## 6.5.6　相关知识点

### 1. SSH 协议

SSH 协议（Secure Shell Protocol）用于计算机之间的加密登录。最早的时候，互联网通信都是明文通信，一旦被截获，通信内容就会暴露。1995 年，芬兰学者 Tatu Ylonen 设计了 SSH 协议，将登录信息全部加密，为互联网安全问题提供了一个基本解决方案。该方案迅速在全世界范围内获得推广，目前已经成为 Linux 系统的标准配置。

通过 SSH 协议连接 Windows 系统，可以远程登录 Windows 系统，从而执行文件操作、查看文件内容、执行终端命令等。

在 Windows 系统中使用 SSH 协议是因为该协议通过 TCP22 端口，当服务器、路由器、交换机、SFTP 等不安全的程序通过该端口时，该协议都可以用于加强连接以防止窃听。目前 SSH 协议大多用在 Linux 系统中，但实际上 SSH 协议本身是在各种各样的系统中实现的，虽然在 Windows 系统中不是默认开启的，但开启后可以和在 Linux 系统中一样简单方便地使用 SSH 协议来连接服务器等。

SecureCRT 是 Windows 系统中的 SSH 登录常用工具。SecureCRT 是一款支持 SSH（SSH1

和 SSH2）协议的终端仿真程序，简单来说是在 Windows 系统中登录 UNIX 或 Linux 服务器主机的软件，也支持 Telnet 协议和 Rlogin 协议。SecureCRT 是一款用于连接、运行 UNIX 系统和 Windows 系统或 VMS（虚拟机）的理想工具。通过使用内含的 VCP 命令行程序可以进行加密文件的传输。其中，Telnet 协议是通过客户端与服务器之间的选项协商机制提供通信的协议；Rlogin 协议是在 UNIX 系统中使用的协议。Telnet 协议和 Rlogin 协议都是不安全的，因为都采用明文传输。

**2. 全景摄像机**

全景摄像机中设有一个鱼眼镜头，或者一个反射镜面（如抛物线，双曲线镜面等），或者多个朝不同方向的普通镜头，通过对分画面进行图像拼接操作得到全景效果，是为了进行全局监控而设计的。

可使用数字云台（DPTZ）模式实时浏览全景视频，对存储的图像进行放大、缩小等细节观察，不必像真实的云台那样进行实际的机械化转动，因而能大幅延长监控系统的使用寿命，使监控人员在操作上更容易上手。

全景摄像机可以独立实现大范围无死角监控，能对一个较大场景进行实时全局监控、全程监视与全角度拍摄，在静止状态下就可以进行 180° 或 360° 的监控。全景摄像机无须切换画面，就能实现对同一个较大场景的无间断拍摄，解决了普通摄像机多方位监控时画面不连贯的问题，监控人员的操作也更加方便。

全景摄像机的应用场景一般包括工业监控、交通管理、智慧医疗、楼宇监控、校园监控、商场监控与娱乐休闲场所监控等。例如，在大型会场中，架设多个监控摄像机有其不便性，使用全景摄像机是一个不错的选择。虽然全景摄像机能监控大范围面积，但相对来说，它的焦距很短，这使得侦测范围大受限制，大约在半径 5m 内可以看清人脸，更远的话人脸就会变得模糊。

对于全景摄像机来说，分辨率是最重要的参数，目前全景摄像机图像可达 4K 超高清分辨率，但全图像需要被校正，而校正后能否获得比较好的细节则取决于全景摄像机所支持的最大分辨率。

如果全景摄像机采用的是单镜头，那么镜头一般选用 180° 或 360° 鱼眼镜头，焦距为 1.4～1.8mm。在选用镜头时，应该选择和图像传感器相匹配的百万高清镜头。不同于普通镜头，鱼眼镜头在成像时图像的边缘质量会降低，而多镜头的全景摄像机采用的是普通 2.8mm 或 3.6mm 镜头成像，所以能保证图像中每个区域的成像质量。

因为全景摄像机常常被安装在室内大厅天花板上，所以全景摄像机必须能在逆光或强光等变化的光线条件下拍摄高质量图像。在选择全景摄像机时，应考虑全景摄像机是否带宽动态功能和 3D 数字降噪功能，如果带这两项功能，那么即使在高反差和比较暗的光照条件下，全景摄像机仍然可以拍摄高质量、无噪点的图像。

# 第7章 传输设备故障的分析与排除

## 知识目标

1. 熟悉传输设备故障分析的流程。
2. 了解传输设备的工作原理。
3. 熟悉传输设备的相关知识点。

## 能力目标

1. 能快速定位传输设备的故障原因。
2. 能准确排除传输设备故障。
3. 能合理总结传输设备的维修经验。

## 素质目标

1. 培养发现问题、分析问题、解决问题的能力。
2. 培养爱岗敬业、有效沟通、开拓创新的职业素养。
3. 树立正确的价值观，主动参与新时代中国特色社会主义建设。

## 7.1　无线路由器无 Wi-Fi 网络故障的分析与排除

无线路由器无 Wi-Fi 网络故障的分析与排除

DH-WR5210-IDS 是一款千兆双频无线路由器，如图 7.1 所示，本节主要介绍 DH-WR5210-IDS 的模块结构及工作原理，通过实际案例讲解 Wi-Fi 模块的电源组成和工作原理，使维修人员可以快速、精准地定位故障并修复设备。

图 7.1　千兆双频无线路由器

### 7.1.1　故障描述

设备的广域网 WAN 口通过网线与光猫连接，设备通电后，所有指示灯均正常亮绿灯，但是用手机搜索不到该路由器的 Wi-Fi 信号，将设备恢复默认状态后故障依旧存在。

### 7.1.2　维修流程分析

（1）设备可分为两大模块：主控模块及 Wi-Fi 模块。主控模块由 EN7561HU 构成，Wi-Fi 模块由 MT7905DEN 和 MT7975DN 构成，如图 7.2 所示。首先要判断问题出在哪个模块。

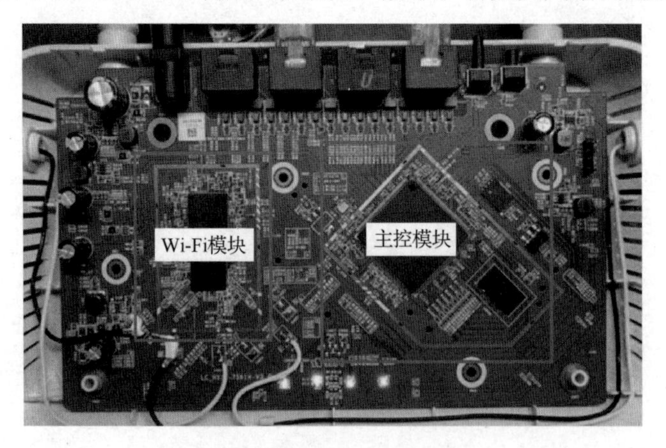


图 7.2　设备的两大模块

（2）测试主控模块小系统工作是否正常。

在 J5 口接上 RS-232 串口转接板，如图 7.3 所示。先在 WAN 口和 LAN 口分别接上对应的网线，打开 SecureCRT，SecureCRT 设置如图 7.4 所示，给设备上电，观察到有串口信息打印，面板上 4 个指示灯均先后亮绿灯，说明主控模块能完成小系统启动。然后外接有线设备，测试出有线 LAN 口和 WAN 口网络连接正常，说明该模块工作正常。

图 7.3　在 J5 口接上 RS-232 串口转接板

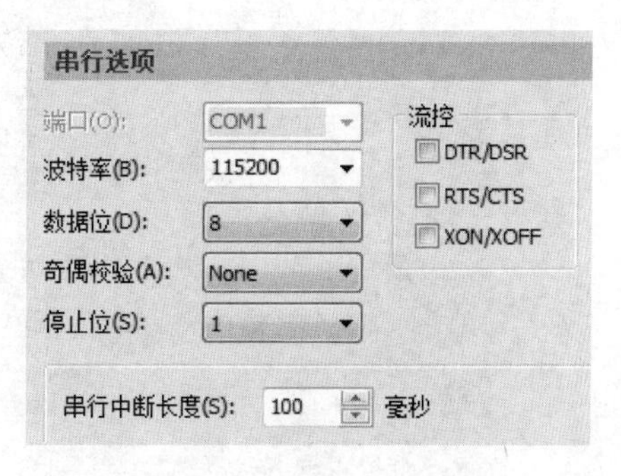


图 7.4　SecureCRT 设置

（3）用手机搜索设备，无 Wi-Fi 信号发出，可判断问题出在 Wi-Fi 模块。根据由浅入深的原则，先目测是否有烧痕或断线，再测试电源供电，然后测试 Wi-Fi 时钟，最后测试芯片及外围元件。

## 7.1.3　工作原理解析

（1）主控模块的工作原理。

主控模块由 CPU 芯片 EN7561HU、DDR 内存及 Flash 组成，如图 7.5 所示。主控模块供电电源电压有 3.3V、1.5V、1.2V。EN7561HU 是一个 32 位双核 900MHz 处理器，集成了 4 个千兆网口，运行时通过 PCI 接口与 Wi-Fi 模块进行数据传输；DDR 内存在系统运行时为主控模块提供数据的交换与缓存功能；Flash 存储系统启动程序及功能模块的驱动程序。

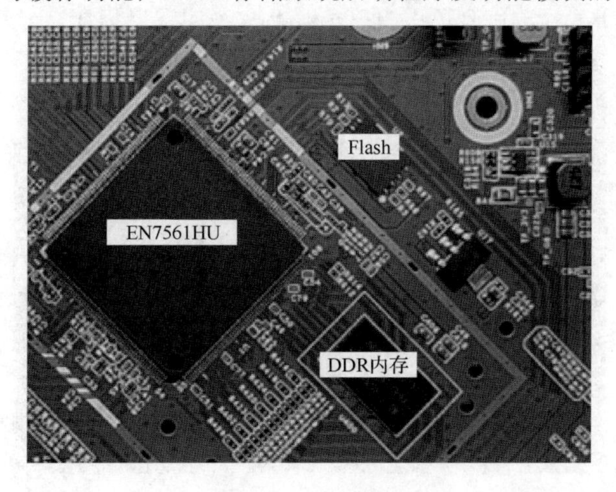


图 7.5　主控模块

（2）Wi-Fi 模块的工作原理。

Wi-Fi 模块由联发科的 MT7905DEN 和 MT7975DN 组成，如图 7.6 所示。MT7975DN 是一款二合一的 Wi-Fi/BT 芯片，外接 RF 天线。MT7905DEN 属于 A/D 转换及基带处理芯片，通过 PCI 总线与 CPU 进行数据交换。Wi-Fi 模块供电电源电压有 3.3V、1.8V、1.0V，外接 1 组 40kHz 时钟。

图 7.6　Wi-Fi 模块

## 7.1.4　故障定位及排除

（1）目测主板外观，未发现烧糊或印制线划伤痕迹。

（2）测试 Wi-Fi 模块 3.3V、1.8V、1.0V 电源电压输出，结果均正常，进一步观测 1.8V 电源供电走线，发现 1.8V 分别对 MT7905DEN 和 MT7975DN 供电，测试 MT7975DN 供电引脚，没有 1.8V，测试其对地阻值，未发现短路。

（3）检查 1.8V 电源供电走线，发现在给 MT7975DN 供电的线路中间串联了一个 0Ω 保护电阻 WR4，如图 7.7 所示，测试到该电阻已经开路，说明其已损坏。

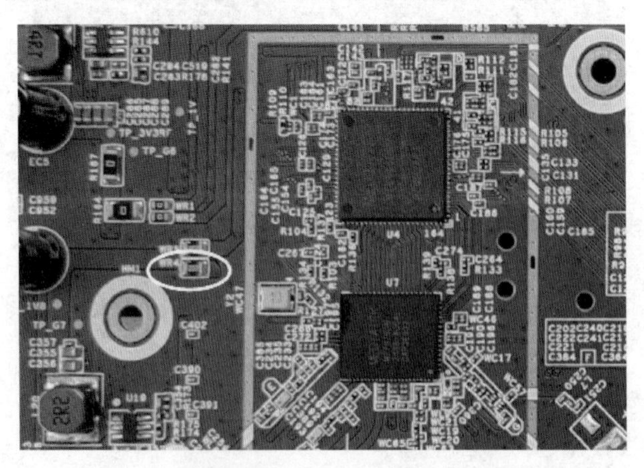

图 7.7　电源供电线路中的 0Ω 保护电阻 WR4

（4）更换 0Ω 保护电阻 WR4 后供电正常，测试到 Wi-Fi 信号正常。

本案例中无 Wi-Fi 信号是因为 1.8V 电源未给 MT7975DN 供电造成该 RF 芯片未工作。在测试时前端电源输出正常，测试后端芯片电源输入点，发现无电压，由此可以确定该供电线路有开路。接着查看线路找出线路上的元件，逐一测试，最终发现开路原因是串联的 0Ω 保护电阻 WR4 损坏。

### 7.1.5　维修小结

先根据设备模块结构判断问题发生在哪个模块，再由浅入深，逐步排查问题模块的各工作参数，这样就比较容易发现问题点。在排查思路不清晰时，不要盲目拆件、换件。

### 7.1.6　相关知识点

MT7975DN 是一款二合一的 Wi-Fi/BT 芯片，包含一个 BT 和 2×2 MIMO 2.4/5GHz Wi-Fi 收发器前端，以及一个 5GHz DFS（动态频率选择）接收器前端和一个 2.4GHz 频谱监控器接收器 DRQFN 包中的前端。

（1）Wi-Fi 收发器。

➢ 双频（2.4GHz 和 5GHz）2×2 MIMO 802.11 a/b/g/n/ac/ax RF，20/40/80MHz 带宽。
➢ 可配置为 2×2 MIMO A-band，或者 2×2 MIMO G-band，或者 2×2 MIMO A-band+2×2 MIMO G-band。
➢ 支持全球 Wi-Fi 5G 频道，包括美国和中国的新频段（5925MHz）。
➢ 集成了 2.4 /5GHz PA、LNA 和 TRSW。
➢ 集成了功率检测器，支持每个数据包的 TX 功率控制。
➢ 针对 PVT 变化的内置校准。
➢ 可配置的 Wi-Fi 2.4/5GHz PA，可在低功耗应用中实现更高的效率。
➢ 支持 Wi-Fi-2.4GHz 和 Wi-Fi-5GHz 的外部 PA 及 LNA。
➢ 2×2 Wi-Fi-2.4GHz 和蓝牙同时运行（FDD）。

（2）DFS 接收器。

➢ 专用的零等待 DFS 接收器。
➢ 5GHz 工作频率。
➢ 允许无线局域网与雷达系统共存。

（3）蓝牙收发器。

➢ 蓝牙规范 v2.1+EDR、3.0+HS、v4.2+HS 和 v5.1+HS 兼容。
➢ 蓝牙 5 双模，支持 LE 2Mbit/s、LE 远距离和广告扩展。
➢ 综合 PA。
➢ 低功耗扫描功能，降低扫描模式下的功耗。
➢ 2×2 Wi-Fi-5GHz 和蓝牙同时运行（FDD）。

## 7.2 接入交换机网口不通故障的分析与排除

本节主要介绍交换机的硬件相关基础知识，并通过实际案例剖析典型交换机的硬件组成结构，以及各模块的功能和工作原理，使维修人员可以快速、精准地定位故障并修复设备。

### 7.2.1 故障描述

某超市视频监控系统由 6 个摄像机、1 个录像机、1 个交换机、1 个显示器组成，使用一段时间后，发现第 5 个摄像机无图像输出，检查发现此摄像机与交接机连接的端口 LED 指示灯不亮，通过与其他图像输出正常的摄像机连接端口进行交叉验证，确定是交换机网口不通故障，摄像机与录像机连接中断。

### 7.2.2 维修流程分析

维修人员参照网口不通故障维修流程分析图（见图 7.8），逐步排查各故障点，从最基础的外观检查，到仪器测量，最后结合交换机网络传输工作原理，找到异常点。维修人员在判定故障时应有完整的分析思路，尽可能罗列出每个可能的故障点，并逐个分析排查，最终将故障定位至最小模块。

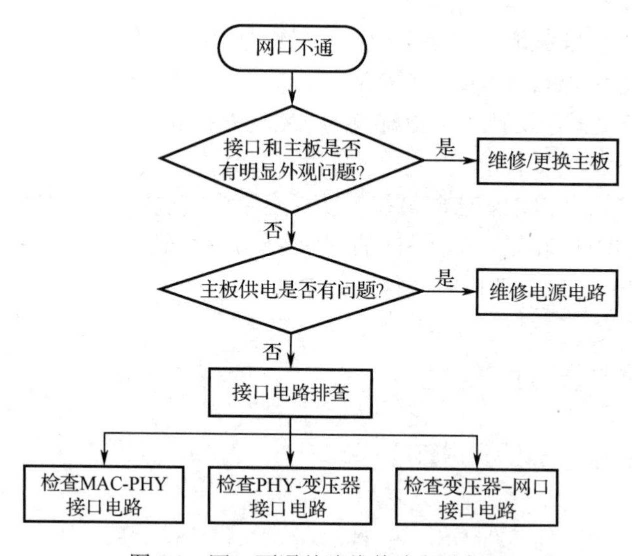


图 7.8 网口不通故障维修流程分析图

### 7.2.3 工作原理解析

（1）设备结构。

图 7.9 所示为典型交换机结构组成。一般管理型交换机由 CPU、MAC、PHY、变压器、网口五大模块组成。如果是非管理型交换机，则没有 CPU 和 MAC 模块。还有一些交换机没

有独立的 MAC 和 PHY 模块，只有交换机芯片，是一个大的合集，包括 PHY 和 MAC 及内部的交换电路。

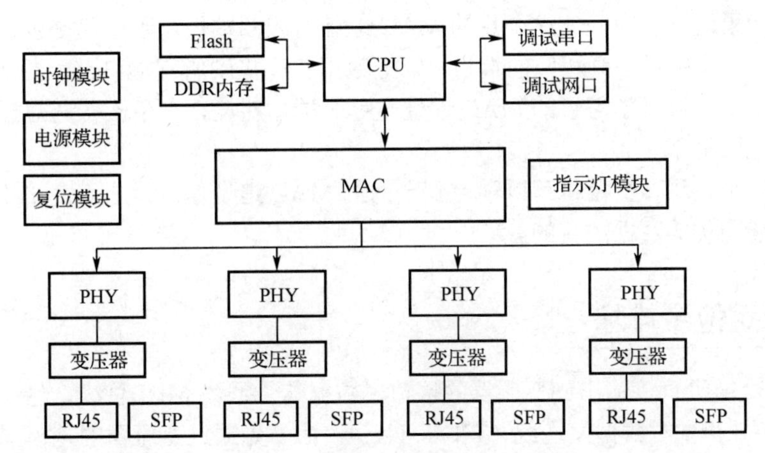


图 7.9　典型交换机结构组成

（2）各模块功能。

① CPU（Central Processing Unit，中央处理器）：主要功能是监控和配置交换机。

② MAC（Media Access Control，介质接入控制层）：主要功能是对帧数据的内容进行处理，更新 MAC 地址列表等。

③ PHY（Physical Layer，物理层）：主要功能是将介质接口（光口、网口）的模拟信号进行解码，通过 MII 等接口将数字信号传送出去。在解码过程中，它只进行数字信号的转换，而不对数字信号进行任何处理，即使是一帧有问题的数据，它也会如实地转发出去。

④ 变压器（Transformer）：主要功能是把 PHY 送出来的差分信号用差模耦合线圈耦合滤波以增强信号，并且通过电磁场的转换耦合到连接网线的另外一端。

⑤ RJ45（Registered Jack 45）：是指注册的插座/SFP（Small Form Pluggable，小型可插拔）模块，是布线系统中的信息插座（通信引出端）连接器，用于连接外部通信设备。

（3）数据传输。

图 7.10 所示为交换机数据通道简化图。交换机在工作时 PHY 将 MAC 发送过来的数据封装为帧，并通过网线（对无线网络来说就是电磁波）将数据发送到网络上。另外接收网络上其他设备传过来的帧，并将帧重新组合成数据，发送到 MAC。网口能接收所有在网络上传输的信号，但在正常情况下只接收发送到该端口的帧和广播帧，将其余的帧丢弃。

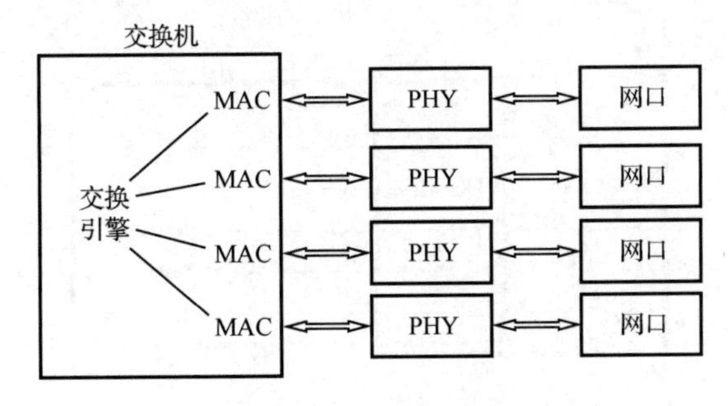


图 7.10　交换机数据通道简化图

MAC 从 PHY 的端口接收到数据包，先读取包头中的源 MAC 地址，这样它就知道源 MAC 地址的机器是连在哪个端口上的，再读取包头中的目的 MAC 地址，并在自己的地址表中查找相应的端口。如果地址表中有与这个目的 MAC 地址对应的端口，则把数据包直接复制到这个端口上；如果地址表中找不到相应的端口，则把数据包广播到所有端口上。当目的机器对源机器有回应时，交换机可以学习目的 MAC 地址与哪个端口对应，在下次传送数据时就不再需要对所有端口进行广播了。

不断循环这个过程，交换机可以学习到全网的 MAC 地址信息，从而建立和维护自己的地址表，以达到准确传输数据的目的。

## 7.2.4 故障定位及排除

1～8 口为交换机直接输出到变压器的接口，数据传输线为 MDI 总线，包含 1 对数据接收线（RX+、RX−）和 1 对数据发送线（TX+、TX−），信号先通过变压器的差模耦合线圈耦合滤波以增强信号，再传至网口，这一部分都是模拟信号，通过 PCB 物理线路传输，所以维修时可以通过使用万用表检查线路通断的方式来判断故障点。

（1）检测网口与变压器之间的通道，如图 7.11 中框住的线路。

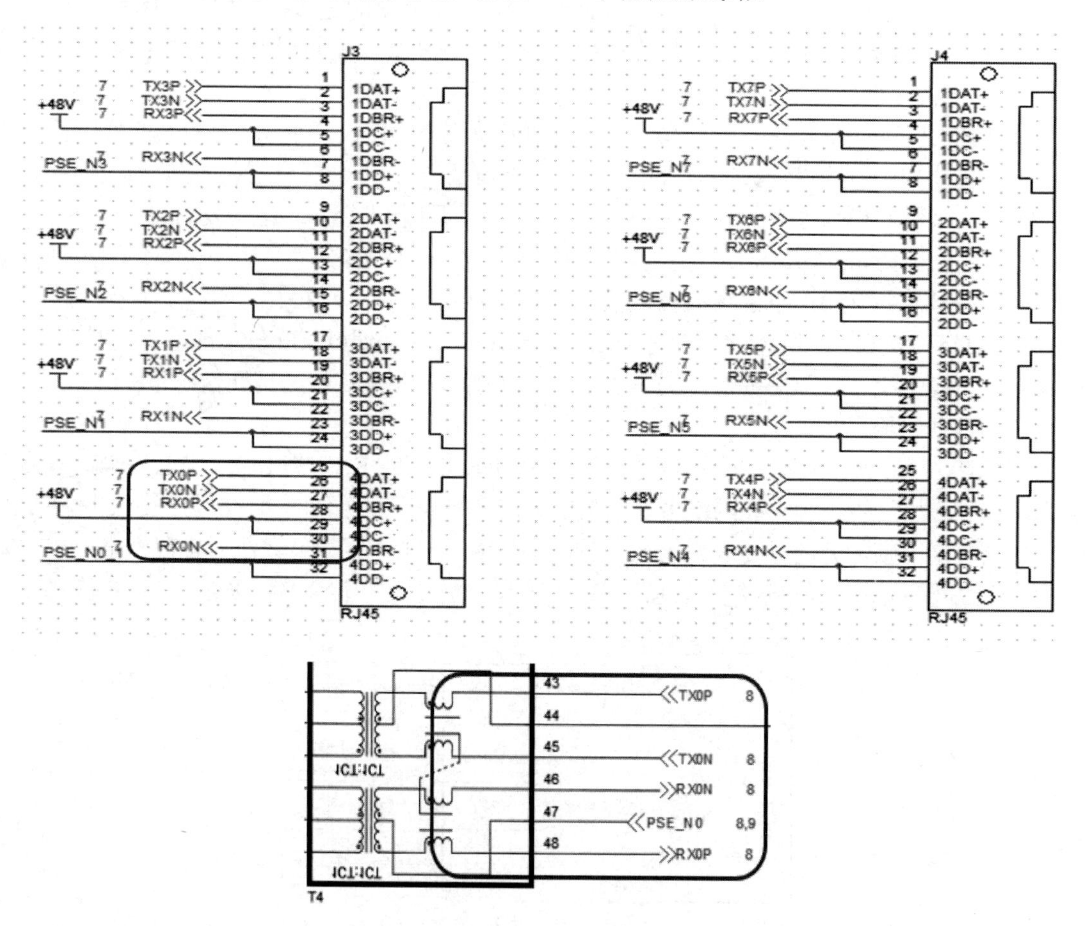


图 7.11　网口引脚和网口与变压器之间的通道

因为1～8口为百兆网口，只用2组差分信号传输数据，所以可以使用万用表分别测量网口连接器对应端口的PIN1、PIN2和PIN3、PIN6之间的阻值来判断故障点。

正常阻值应该是0.7Ω（变压器内部线圈电阻+PCB走线内阻）。

如果阻值小于0.7Ω，则需要检查连接器内部是否有引脚变形导致的短路，如果没有，则可以判断故障是变压器内部线圈短路。

如果阻值大于0.7Ω，则应该先检查连接器内部引脚是否有氧化和腐蚀，接着测量连接器引脚到变压器的PCB走线是否断开或存在内阻，如果都没有问题，则可以判断故障是变压器内部线圈开路。

（2）检测变压器与交换机之间的通道，如图7.12中框住的线路所示。

交换机到变压器的线路是MDI总线，百兆网口有2组差分信号，一组差分信号线串联2个2Ω左右的电阻，并联变压器内部线圈，2根线的对地阻值完全一样，线之间的阻值也很小，所以在进行故障判断时最好断开2个匹配电阻，并分别测量电阻两端焊盘的对地阻值。

因为连接变压器端的是线圈，所以正常阻值也应该是0.7Ω。

如果阻值小于0.7Ω，则故障可能是变压器内部线圈短路。

如果阻值大于1Ω，则故障可能是变压器有空焊或内部线圈开路。

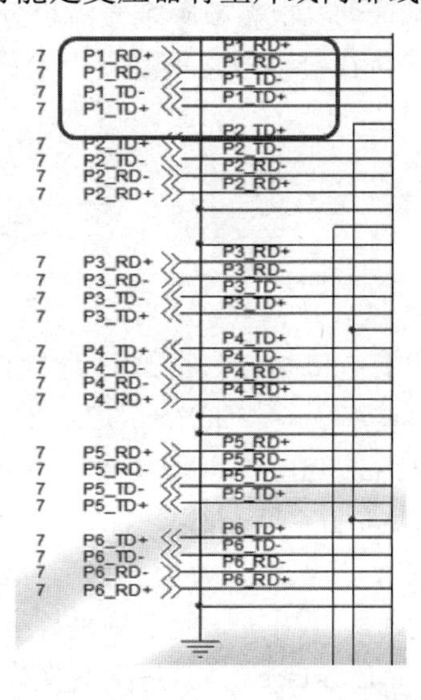


图7.12　变压器与交换机之间的通道

因为连接交换机端的是差分信号，所以2根线的对地阻值应该完全一样，而且不应该有开路或短路，具体阻值大小视芯片参数而定，如果有异常，则表示交换机或PCB走线有故障。

对于1～8口不通的故障，通过以上方法可以判断具体到链路上的某个元器件不良，如果没有测量出来问题，则一般是交换机内部故障，需要更换芯片。

本案例中第5个摄像机无图像输出的原因是交换机到变压器的MDI总线匹配电阻R48失效，其正常阻值应该为2.2Ω，用万用表测出其阻值为无穷大，导致数据传输通道中断，摄像机数据无法通过交换机发送到录像机。更换R48后，摄像机上线正常，故障排除。实物电路如图7.13所示。

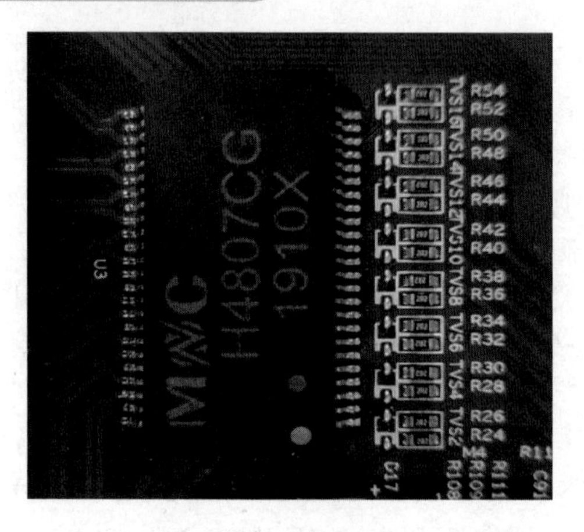


图 7.13　实物电路

## 7.2.5　维修小结

在维修接入交换机网口不通故障时，根据故障维修流程分析图和数据传输通道判断，逐步排查故障点，有针对性地排查问题。在排查思路不清晰，未测量到故障点时，不要盲目拆件、换件。

## 7.2.6　相关知识点

交换机-变压器接口：MDI。

MDI 是一种用于连接以太网 PHY 和 MAC 的接口，通常使用双绞线或光纤作为物理介质，主要有两类：电口和光口。其中，电口分为 100Base-TX、1000Base-T、10Base-T 等；光口分为 100Base-FX、1000Base-X、10GBase-LR 等。MDI 有以下两种。

（1）MDI-II（Medium Dependent Interface-II），是指平行模式介质相关接口，一般作为专门用于与其他交换机连接的 Uplink 口（级联口、上联口）。MDI 缆线定义为 PIN1～PIN8 平行地接到另外一端的 PIN1～PIN8 的缆线，用在一般计算机等终端设备连接到集线器时。

（2）MDI-X（Media Dependent Interface-X），是指交叉模式介质相关接口（非级联口、普通口），它与 MDI-II 都是 IEEE 为以太网 RJ45 UTP 缆线制定的标准。X 代表交错配置（Crossover），也就是一端的传送引脚连接到另外一端的接收引脚。因为 PIN1、PIN2 定义为传送引脚，PIN3、PIN6 定义为接收引脚，所以在连接时缆线一端 PIN1 连接到另外一端 PIN3，缆线一端 PIN2 连接到另外一端的 PIN6，形成 PIN1—PIN3、PIN2—PIN6、PIN3—PIN1、PIN6—PIN2 的连接，其余引脚则一一相连。

现在新的 PHY 支持 Auto MDI-X 功能（也需要 Transformer 支持）。它可以实现 RJ45 接口的 PIN1、PIN2 上的传送信号线和 PIN3、PIN6 上的接收信号线功能的自动互相交换。有的 PHY 甚至支持一对线中的正信号和负信号的功能自动相互交换。这样就不必为了连接某个设备到底需要使用直通网线还是交叉网线而费心了。这项技术已经被广泛地应用在交换机和 SOHO 路由器上。

# 7.3　POE 交换机不供电故障的分析与排除

本节主要介绍交换机的 POE（以太网供电）相关基础知识，并通过实际案例剖析典型交换机的 POE 组成结构，以及各模块的功能和工作原理，使维修人员可以快速、精准地定位故障并修复设备。

具备 POE 功能的交换机，网口连接前端设备后，网线可以在传输数据的同时为前端设备提供直流电，这样前端设备就不再需要额外电源了。这种网络供电方式在实际应用中可以简化系统布线、降低网络基础设施的建设成本，在安防行业中应用尤为广泛。

## 7.3.1　故障描述

某超市视频监控系统由 7 个摄像机、1 个录像机、1 个交换机、1 个显示器组成，摄像机由 POE 交换机供电，使用一段时间后发现第 1 个摄像机离线，无图像输出。经检查发现此摄像机电源指示灯不亮，说明摄像机未启动。外接 12V 电源供电后能正常启动，启动后图像输出功能正常。由此可确定交换机端口 POE 功能故障，无法给所接摄像机供电。

## 7.3.2　维修流程分析

维修人员参照 POE 交换机不供电故障维修流程分析图（见图 7.14），逐步排查各故障点位，从最基础的外观检查，到仪器测量，最后结合 POE 系统工作原理，找到异常点。维修人员在判定故障时应有完整的分析思路，尽可能罗列出每个可能的故障点，并逐个分析排查，最终将故障定位至最小模块。

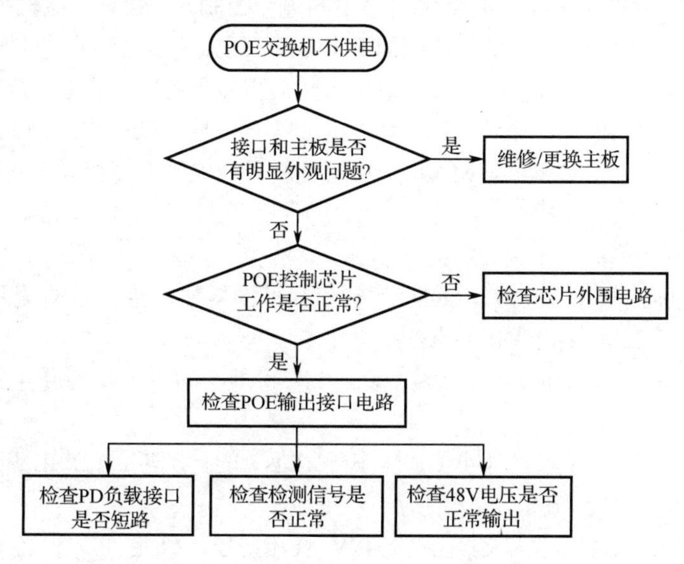


图 7.14　POE 交换机不供电故障维修流程分析图

### 7.3.3 工作原理解析

（1）设备结构。

图 7.15 所示为 POE 交换机框架图，可以看出，此设备 POE 功能由 2 个 MAX5980 芯片提供，每个 MAX5980 芯片提供 4 路 PSE（Power Sourcing Equipment，供电设备），电源电压经过网口输出提供给 PD（Power Device，受电）设备。

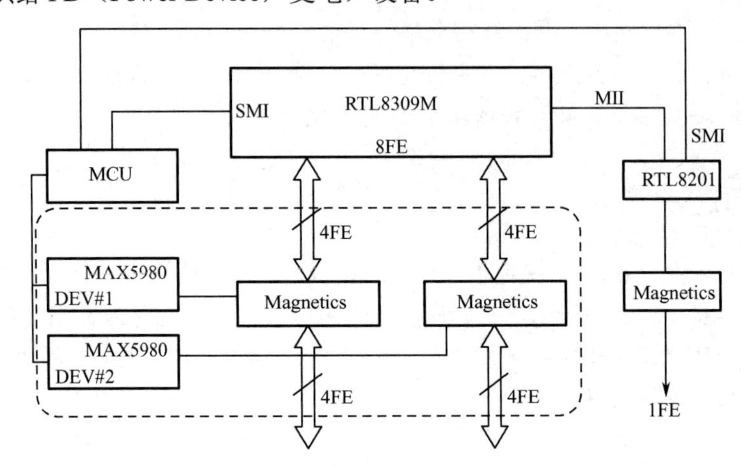


图 7.15 POE 交换机框架图

（2）PSE 的功能。

MAX5980 是一款四通路的 PSE 的电源控制器，是专门为支持 IEEE 802.3at/af 标准及兼容的 PSE 设计的。根据标准的要求，MAX5980 针对后端的 PD 设备具有探测、分级、限流和负载断开检测等功能。根据芯片资料，MAX5980 的输入电压设计为 DC48V。MAX5980 的输出部分采用 4 个大功率的场效应管作为 4 个网络供电输出的电流控制端。48V 直流输入电压由开关电源提供。电源电压通过网口输出，提供给后端的 PD 设备。场效应管是整个电源输出控制回路中的关键元件。回路中场效应管的源极接 0.25Ω 取样电阻后再接到芯片。输出电流经场效应管，通过取样电阻采样，监测输出回路的电流。MAX5980 可以随时通过 SENSE 端口进行采样，读取后端 PD 设备的负载特征。经过判断，MAX5980 可控制场效应管的栅极做出各种控制响应。PSE 原理图如图 7.16 所示。

（3）PSE 的工作过程。

① 检测：一开始，PSE 在端口（OUT）输出很低的电压，直到其检测到线缆终端连接的是一个支持 IEEE 802.3at/af 标准的 PD 设备。

② PD 设备分类：当检测到 PD 设备之后，PSE 可能会对 PD 设备进行分类，并且评估此 PD 设备的功率损耗。

③ 开始供电：在一个可配置时间（一般小于 15μs）的启动期内，PSE 开始从低电压向 PD 设备供电，直至提供 48V 直流电压。

④ 供电：为 PD 设备提供稳定可靠的 48V 直流电压，满足 PD 设备的功率损耗不超过 12.95W/25.5W 的要求。

⑤ 断电：当 PD 设备从网络上断开时，PSE 就会快速地（一般在 300～400ms 范围内）停止为 PD 设备供电，并重复检测过程以检测线缆的终端连接的是否为 PD 设备。

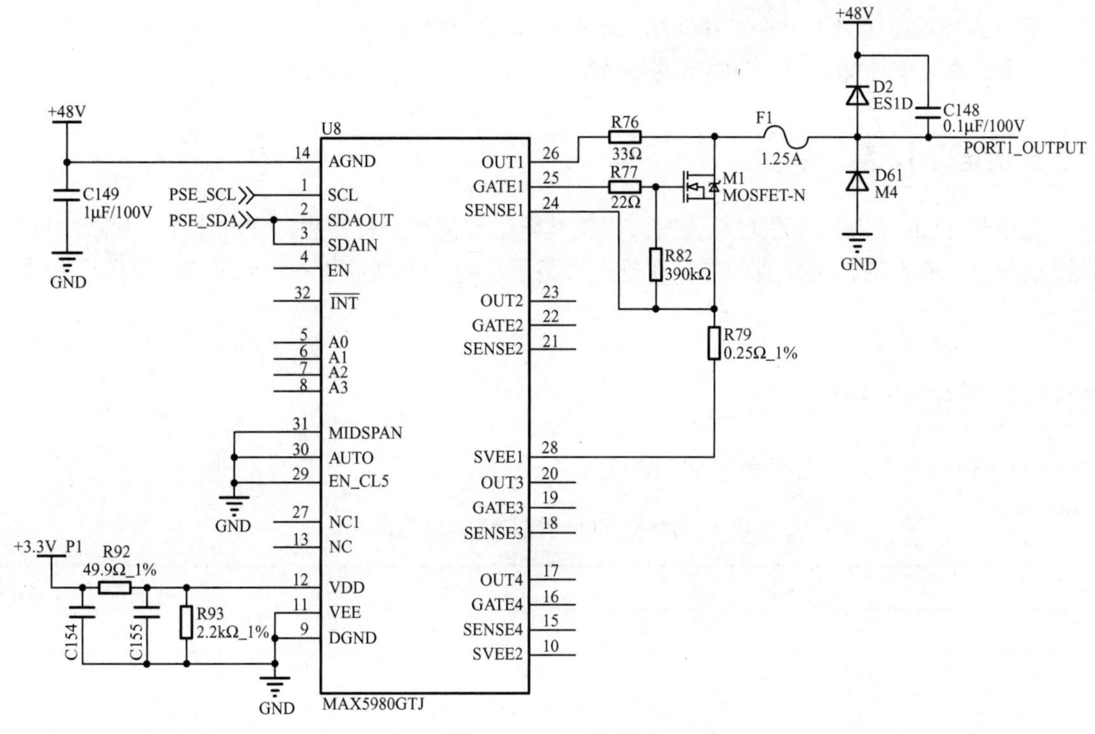


图 7.16 PSE 原理图

## 7.3.4 故障定位及排除

故障定位步骤如下。

（1）本次故障为 1 号端口无法供电，其他端口都正常，依此判断 MAX5980 芯片的 48V 供电工作条件都正常，重点需要检查 1 号端口 PSE 输出部分电路。

（2）检测图 7.16 中 C148 两端阻值是否正常，排除短路故障。

（3）检测图 7.16 中芯片 U8 的 PIN24 信号是否正常。

（4）接入 PD 设备后，检测图 7.16 中芯片 U8 的 PIN26 电压是否能正常升高至 48V。

本案例中用示波器检测芯片 U8 的 PIN24 信号，信号波形异常，如图 7.17 所示。检测信号由 MAX5980 芯片输出，为排除后端电路影响，断开 0.25Ω 采样电阻 R79 再测量，发现信号波形还是异常，由此判断 MAX5980 芯片本体存在问题。

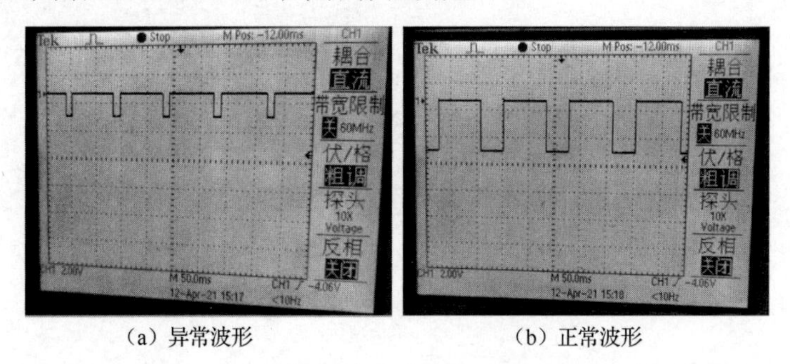


（a）异常波形　　（b）正常波形

图 7.17 检测信号波形

更换芯片后再测量 1 号端口 POE 控制芯片 U8 的 PIN24 信号，信号波形正常，插上摄像机，摄像机能正常上电启动，图像传输正常。

## 7.3.5 维修小结

在维修 POE 交换机不供电故障时，根据故障维修流程分析图和工作过程信号判断，逐步排查故障点，有针对性地排查问题。在排查思路不清晰，未测量到故障点时，不要盲目拆件、换件。

## 7.3.6 相关知识点

MAX5980 的部分引脚功能说明如表 7.1 所示。

表 7.1 MAX5980 的部分引脚功能说明

| 引　脚 | | 说　明 |
|---|---|---|
| 序　号 | 名　称 | |
| 1 | SCL | 外接串行总线 |
| 2 | SDAOUT | |
| 3 | SDAIN | |
| 5 | A0 | 地址位置编码器 |
| 6 | A1 | |
| 7 | A2 | |
| 8 | A3 | |
| 26 | OUT1 | 输出控制 |
| 25 | GATE1 | |
| 24 | SENSE1 | 输出监测 |

# 第8章 存储设备故障的分析与排除

## 知识目标

1. 熟悉存储设备故障分析的流程。
2. 了解存储设备的工作原理。
3. 熟悉存储设备的相关知识点。

## 能力目标

1. 能快速定位存储设备的故障原因。
2. 能准确排除存储设备故障。
3. 能合理总结存储设备的维修经验。

## 素质目标

1. 培养发现问题、分析问题、解决问题的能力。
2. 发挥文化凝聚人心、汇聚民力的强大力量。
3. 牢固树立和践行“绿水青山就是金山银山”的理念。

# 8.1 硬盘录像机不上电故障的分析与排除

本节主要介绍存储设备的上电时序及原理，并通过实际案例剖析脉冲电源的工作原理及各个引脚的工作条件，使维修人员可以快速、精准地定位故障并修复设备。

## 8.1.1 故障描述

某小型超市为了增加客流量，对店铺进行翻新装修，因涉及弱电施工，施工人员在作业过程中需经常拉闸断电，此行为直接导致视频监控系统瘫痪，经初步排查锁定故障为硬盘录像机在供电正常的情况下仍无法正常上电工作。

## 8.1.2 维修流程分析

维修人员参照硬盘录像机不上电故障维修流程分析图（见图 8.1），逐步排查各故障点，从最基础的外观检查，到仪器测量，最后结合芯片工作原理，找出异常点。维修人员在判定故障时应有完整的分析思路，尽可能罗列出每个可能的故障点，并逐个分析排查，最终将故障定位至最小模块。

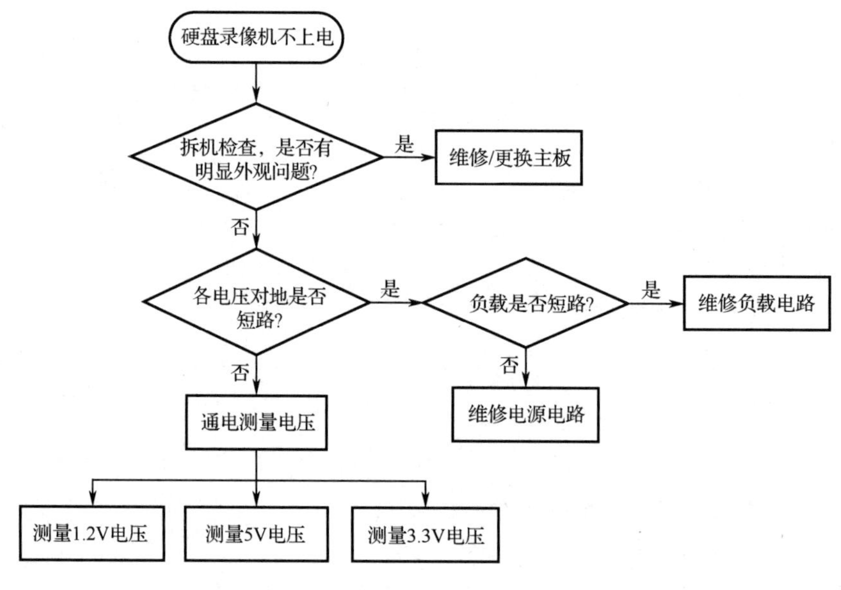


图 8.1 硬盘录像机不上电故障维修流程分析图

## 8.1.3 工作原理解析

（1）设备上电时序。

根据如图 8.2 所示的设备上电时序图可以看出，设备上电所需电压有一个时间差，先从 12V 开始，逐级通电 5V，再到 3.3V 和 1.0V，最后到内核电压。每级电压正常工作后均会输出一个高电平信号作为下一级电压的使能开关，所以在排查电源无输出问题时，务必确保使能信号为高电平且知道此高电平由哪边提供。

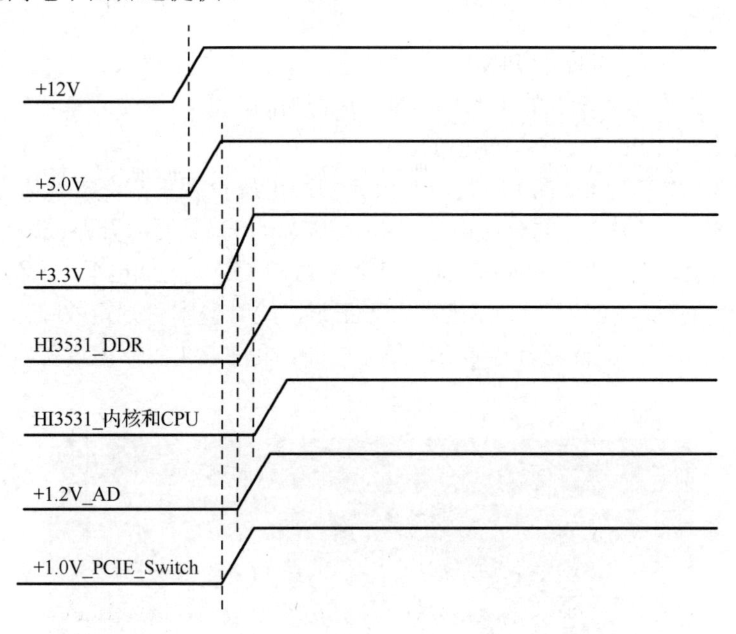


图 8.2　设备上电时序图

（DDR 比内核和 CPU 先上电）

（2）电源模块工作原理图如图 8.3 所示。

从图 8.3 中可看出，芯片 U8 的 PIN2（PG）作为芯片 U2 的 PIN1（EN）使能信号输入引脚。

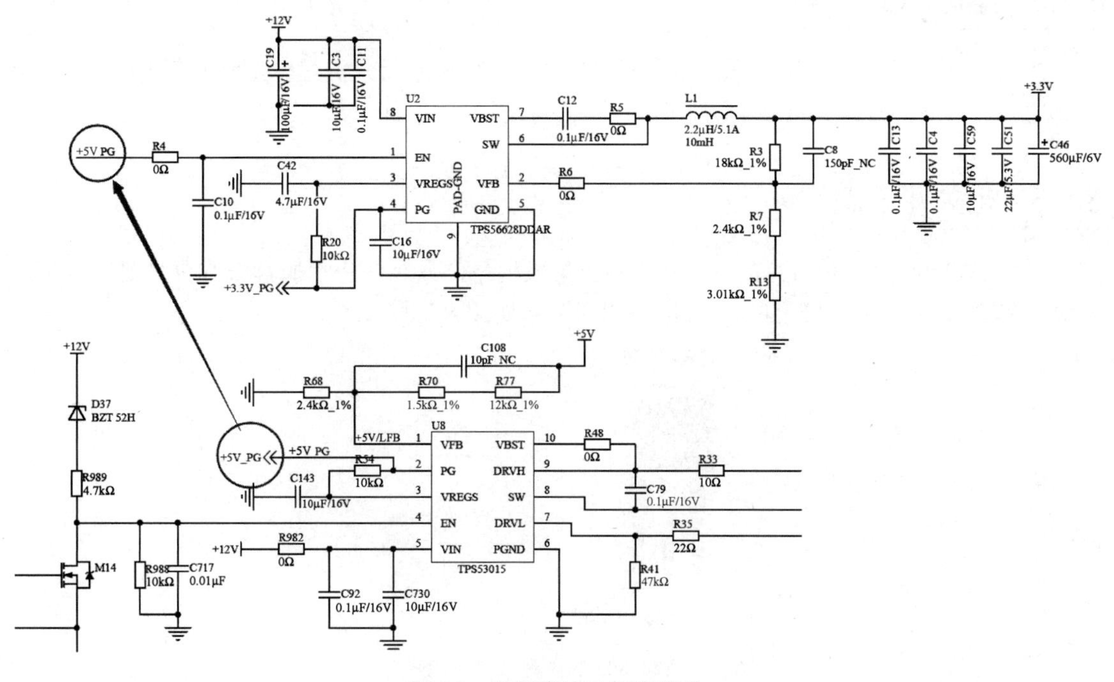


图 8.3　电源模块工作原理图

## 8.1.4 故障定位及排除

故障定位步骤如下。

（1）检测图 8.3 中芯片 U2 的 PIN8（VIN）是否有 12V 电压输入。

（2）检测图 8.3 中芯片 U2 的 PIN1（EN）是否为高电平，需要清楚+5V_PG 是由上一级 5V 电压（芯片 U8）的 PIN2（PG）输出的。

（3）检测图 8.3 中芯片 U2 的 PIN7（VBST）基准电压是否正常，推荐值为 0.765V。

（4）检测图 8.3 中芯片 U2 的分压电阻（R3、R7、R13）是否有开路或短路现象。

本案例中硬盘录像机不上电的原因是芯片 U2 的 PIN1（EN）为低电平，导致芯片 U2 未工作。

反查源头芯片 U8 的 PIN2（PG），为高电平正常，此时基本可判定故障为线路不通。测量 R4，发现阻值为无穷大，即开路，导致 EN 信号中断，更换 R4 后，该设备修复。实物电路如图 8.4 所示。

图 8.4　实物电路

## 8.1.5 维修小结

在维修设备不上电故障时，根据设备上电时序及维修流程分析图，逐步排查故障点，有针对性地排查问题。在排查思路不清晰时，不要盲目拆件、换件。

## 8.1.6 相关知识点

（1）LM7805 是一种常见的 5V 三端稳压集成电路，只有 3 个引脚，三端分别是输入端、接地端和输出端。LM7805 的外观及电路图形符号如图 8.5 所示。

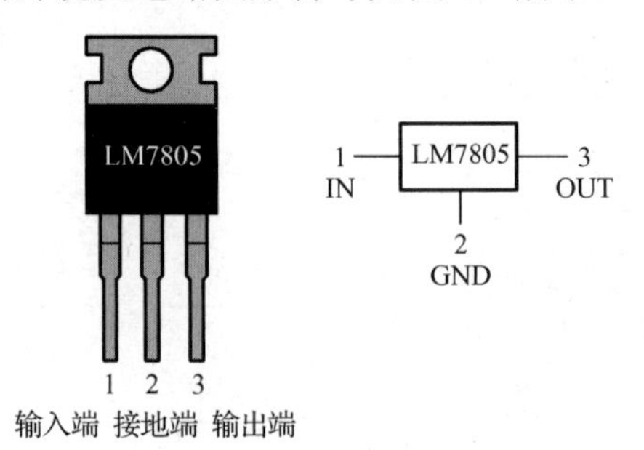


图 8.5　LM7805 的外观及电路图形符号

（2）TPS56628是同步降压转换器，该器件的工作输入电压范围为4.5～18V，输出电压可在0.76～5.5V的范围内设定，采用DDA封装。TPS56628的引脚功能说明如表8.1所示。

表8.1　TPS56628的引脚功能说明

| 引脚 | | 说明 |
|---|---|---|
| 序号 | 名称 | |
| 1 | EN | 使能端（高电平时工作） |
| 2 | VFB | 转换器输入反馈，连接输出电压与反馈电阻分压器 |
| 3 | VREGS | 5.5V电压输出，与GND之间连接一个电容（一般为4.7μF） |
| 4 | PG | 场效应管开漏输出（由芯片本身控制，当输出电压正常后，它会截止这个场效应管，使PG信号被外围上拉电阻置高，这时就得到一个高电平的PG信号） |
| 5 | GND | 接地 |
| 6 | SW | 连接NFET高端与低端的转换开关节点 |
| 7 | VBST | 芯片内部高效率集成型场效应管的电源输入。一般在VBST和SW之间连接0.1μF的电容 |
| 8 | VIN | 外部电源输入电压 |

## 8.2　车载硬盘录像机无图像故障的分析与排除

本节主要介绍车载硬盘录像机的视频信号输入原理，并通过实际案例剖析视频信号转换的工作原理及各个引脚的工作条件，使维修人员可以快速、精准地定位故障并修复设备。

### 8.2.1　故障描述

某公交集团为了更好地记录在公交车行驶过程中车辆内部情况而安装了数字车载系统，由于未接地，所以视频端口经常出现无图像情况，经初步排查锁定故障为对应的硬盘录像机视频模块损坏，需要拆卸返修。

### 8.2.2　维修流程分析

维修人员参照车载硬盘录像机无图像故障维修流程分析图（见图8.6），逐步排查各故障点，从最基础的外观检查，到仪器测量，最后结合芯片工作原理，找出异常点。维修人员在判定故障时应有完整的分析思路，尽可能罗列出每个可能的故障点，并逐个分析排查，最终将故障定位至最小模块。

### 8.2.3　工作原理解析

（1）设备视频模块工作原理。

根据如图8.7所示的视频信号输入和输出逻辑框图可以看出，前端摄像头通过模拟线缆输入模拟信号至硬盘录像机端口，先通过A/D转换模块进行A/D转换，再通过主控模块进行编码压缩，最后通过VGA/HDMI/CVBS等接口输出稳定的视频信息到监视器上。

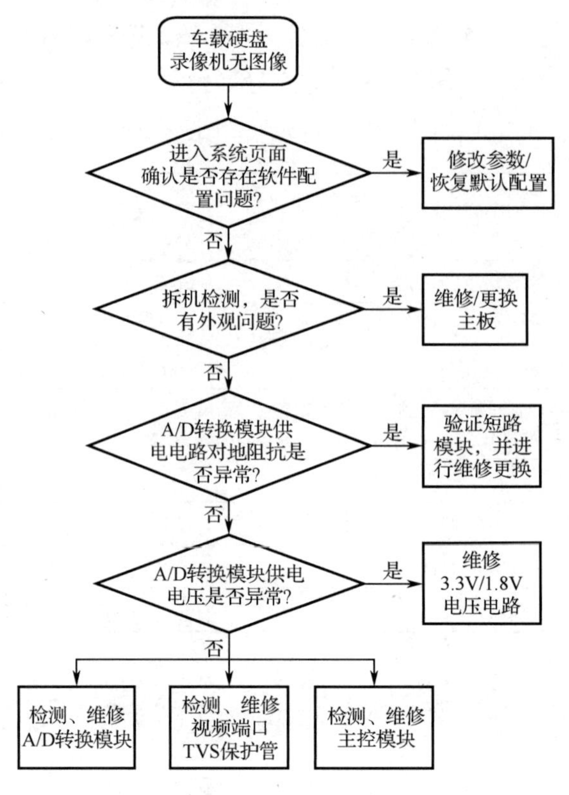


图 8.6　车载硬盘录像机无图像故障维修流程分析图

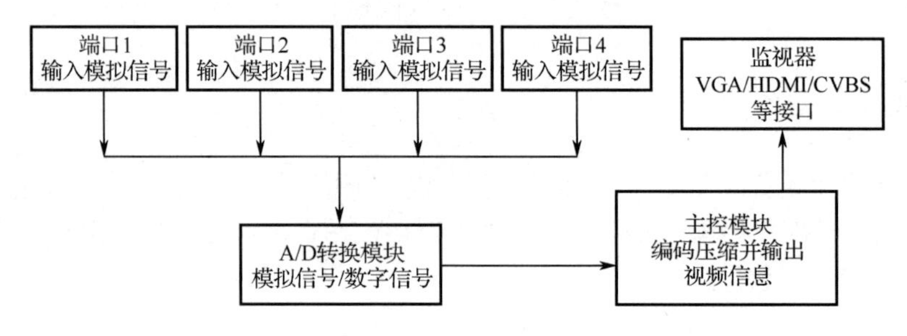


图 8.7　视频信号输入和输出逻辑框图

（2）A/D 转换模块供电工作原理。

由如图 8.8 所示的 A/D 转换模块供电原理图可以看出，设备采用 DC-DC 降压模式供电，A/D 转换模块供电所需电压有 3.3V 及 1.8V 两组，首先为 5V 电压输入，通过 TPS54331 方案进行降压，输出稳定的 3.3V 电压。同时由 3.3V 电压输入，通过 AMC1117 方案降压输出稳定的 1.8V 电压。

（3）A/D 转换模块工作原理图。

如图 8.9 所示，TW2864 是 A/D 转换模块，主要实现 4 路模拟信号到数字信号的处理切换。该模块包括 4 个高质量的 NTSC/PAL 视频解码器，将模拟复合视频信号转换为数字分量 YCbCr 数据。TW2864 包含 4 个 10bit 的 A/D 转换器及专用钳位电路和增益控制器，并使用自适应梳状滤波器分离亮度和色度，以减小交叉噪声和减少伪影。TW2864 还包括具有 4 个音频 A/D 转换器和 1 个音频 D/A 转换器的音频编解码器。

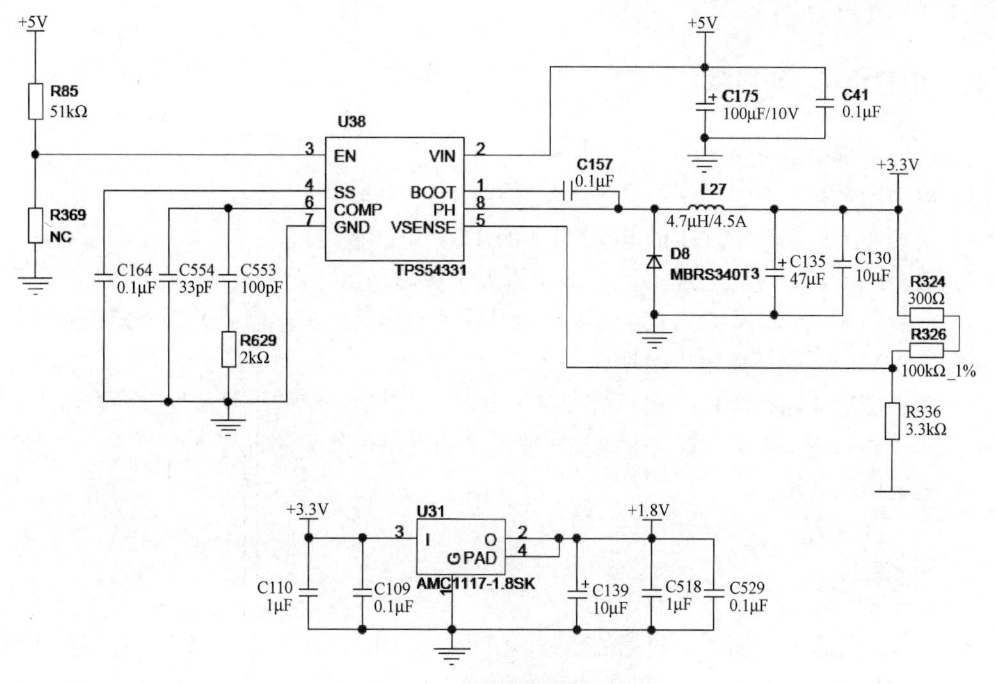


图 8.8　A/D 转换模块供电原理图

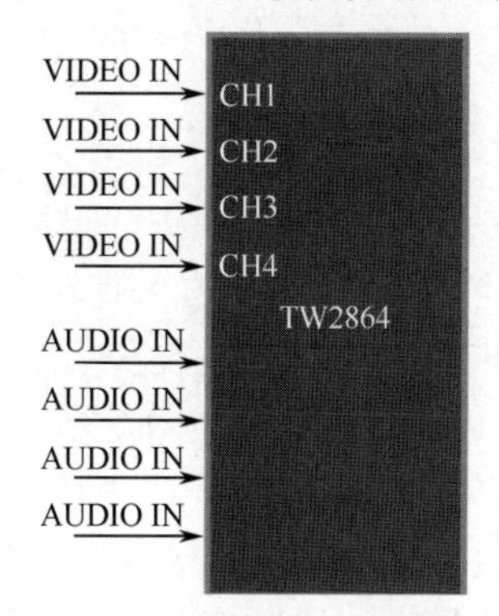


图 8.9　A/D 转换模块工作原理图

（4）A/D 转换模块视频信号输入保护电路原理。

从图 8.10 中可以看出，视频信号从前端输入后经过 BA301N 实现浪涌保护，防止静电或雷电环境导致的强电流击穿视频链路。

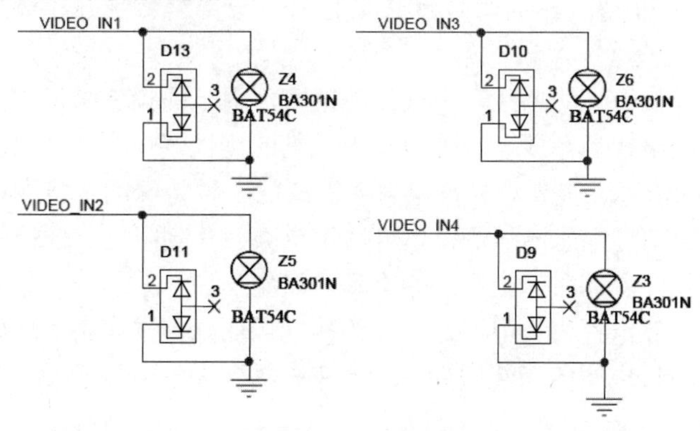


图 8.10　A/D 转换模块视频信号输入保护电路原理图

### 8.2.4 故障定位及排除

故障定位步骤如下。

（1）检测图 8.8 中芯片 U38 的 PIN8 是否有 3.3V 电压输出。

（2）检测图 8.8 中芯片 U31 的 PIN2 是否有 1.8V 电压输出。

（3）检测图 8.10 中 Z3、Z4、Z5、Z6 是否被击穿短路。

（4）检测图 8.9 中芯片 TW2864 的视频信号输入引脚对应的电阻是否有开路或短路现象，判定是芯片 TW2864 损坏还是电阻损坏。

本案例中测出 4 路视频信号输入引脚对应电阻对地短路，将其拆除后发现导致阻抗被拉低的原因是芯片 U33 整体损坏，前端摄像头传输过来的模拟信号无法进行 A/D 转换，故后端 CPU 无法进行编码压缩处理。

### 8.2.5 维修小结

在维修设备无图像故障时，根据故障维修流程分析图，逐步排查故障点，有针对性地排查问题。在排查思路不清晰时，不要盲目拆件、换件。

### 8.2.6 相关知识点

（1）TW2864 包括 4 个高质量的 NTSC/PAL 视频解码器，它们能将模拟复合视频信号转换成数字组成的 YCbCr 数据。该设备包含 4 个 10bit 的 A/D 转换器及专用钳位电路和增益控制器，它利用自适应梳状滤波器（Comb Filter）来分离亮度和色度，以减小交叉噪声非自然信号。新的集成电路采用 IF 补偿滤波器、CTI 和可编程序的峰化等图像增强技术。TW2864 还包括 1 个音频编解码器，该音频编解码器有 4 个音频 A/D 转换器和 1 个音频 D/A 转换器。一个内置式音频控制器可以为记录/混频生成数字输出，重放接收数字输入。在梳状滤波器彩色电视信号中，主管色彩的 R-Y 信号及 B-Y 信号（或称为 Chroma 信号）被以 3.58MHz 的频率放入 Y 信号，称为复合信号（Composite Video）。当对信号进行转换时，需要通过一个滤波器将 3.58MHz 的 Chroma 信号从复合信号中分离出来，构成 Y.C 信号。这个滤波器由于内部的形状像两个面对面的梳子，因此被称为梳状滤波器。电视解码芯片中的梳状滤波器越精细，梳状滤波器将复合信号中的 Y 信号及 C 信号（B-Y 信号及 R-Y 信号）分离得就越好，最终电视画面的色彩就越纯正，画面的效果也就越好。

（2）BA301N 是一款较好的贴片陶瓷气体放电管，用于视频信号保护，防止雷电或强电流击毁设备。陶瓷气体放电管是在放电间隙内充入适当的惰性气体介质，配以高活性的电子发射材料及放电引燃机构，通过贵金属焊料高温封接而成的一种特殊的金属陶瓷结构的气体放电器件。BA301N 可用于瞬间过电压防浪涌，也可用于点火，其高阻抗、低极间电容和大耐冲击电流特性是其他放电管所不具备的。当线路中有瞬时过电压窜入时，放电管被击穿，阻抗迅速下降，几乎呈短路状态。放电管将大电流通过线路接地或回路泄放，将电压限制在低电位，从而保护了线路及设备。当过电压浪涌消失后，又迅速恢复到大于或等于 10GΩ 的高阻状态，保证线路的正常工作。

## 8.3　混合型硬盘录像机网络不通故障的分析与排除

混合型硬盘录像机是为了适应从硬盘录像机到网络视频录像机的过渡而开发出来的。短期内硬盘录像机和网络视频录像机并存，尤其是在原来系统部署的是硬盘录像机，要新增网络视频录像机时，在不改变系统架构和主要设备的情况下，混合型硬盘录像机是一个不错的选择。

### 8.3.1　故障描述

某客户在有硬盘录像机和网络视频录像机的视频监控系统中采用了混合型硬盘录像机，可以正常开机，主板网络灯不亮，通过乐橙查看设备提示网络离线，通过致电客服沟通排查，需就近送网点返修。

### 8.3.2　维修流程分析

维修人员参照混合型硬盘录像机网络不通故障维修流程分析图（见图 8.11），逐步排查各故障点，从最基础的外观检查，到仪器测量，最后结合芯片工作原理，找到异常点。维修人员在判定故障时要有完整的分析思路，尽可能罗列出每个可能的故障点，并逐个分析排查，最终将故障定位至最小模块。

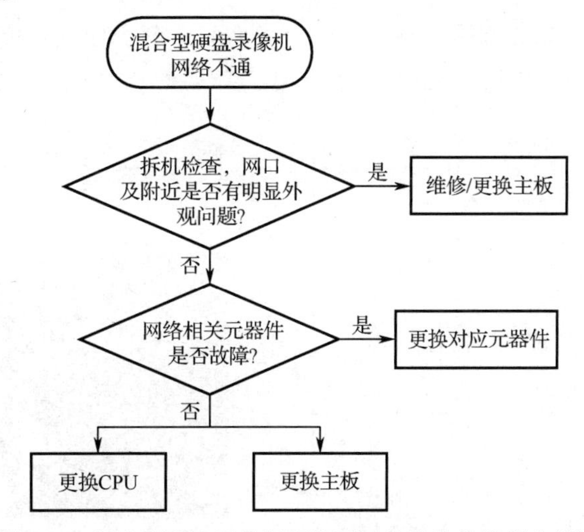


图 8.11　混合型硬盘录像机网络不通故障维修流程分析图

### 8.3.3　工作原理解析

网络模块电路由 RJ45 接口、网络变压器、PHY 芯片及保护电路组成，如图 8.12 所示。RJ45 接口是网络通信中常用的接口，通常用于连接网络设备。网络变压器用于隔离接口，提高信号和电源的稳定性，能满足室内防雷要求。PHY 芯片在网络通信中起着重

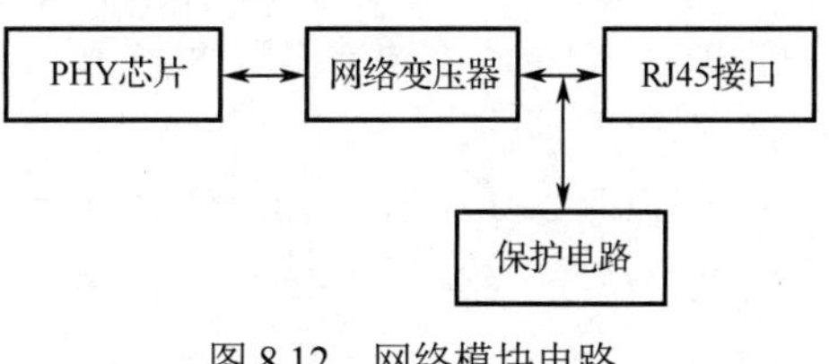


图 8.12　网络模块电路

要的作用，可以实现数据的处理、存储和传输等功能。对于户外产品，往往还需要采取一定的防雷措施，可适当在线对上增加气体放电管和 TVS（Transistor Voltage Suppressor，晶体管电压抑制器），在网络通信中常用于保护电路和设备。

## 8.3.4 故障定位及排除

（1）用 ConfigTool 搜索不到设备 IP，但显示等功能正常。

（2）主板 ACT 状态灯（橙灯）不亮，说明交换机网络信号无法传输到 PHY 芯片实现通信。

（3）使用万用表测量 PHY 芯片各组供电电压（3.3V、1.2V），均正常。时钟模块 25MHz 晶振也起振（波形如图 8.13 所示），说明千兆 PHY 芯片 PHY-B50612D 已启动工作。

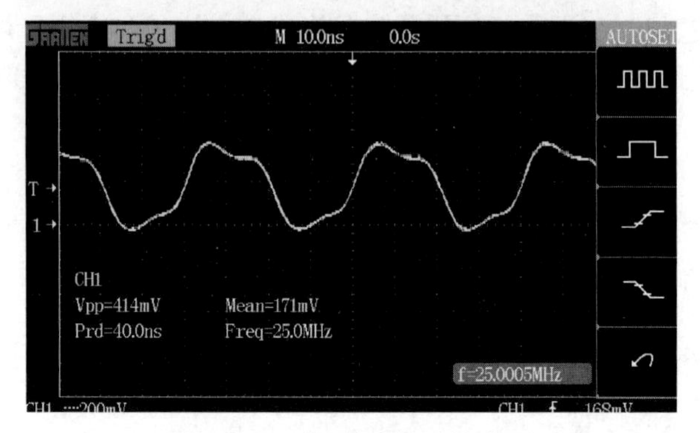


图 8.13　PHY 芯片的时钟波形

（4）网络通信信号分为 4 组，任何一组信号出现问题都会使网络模块和交换机无法通信。通过万用表测出 RJ45 接口的 P1 引脚和 P2 引脚不通，如图 8.14 所示，由此可以判定网络变压器端存在故障。

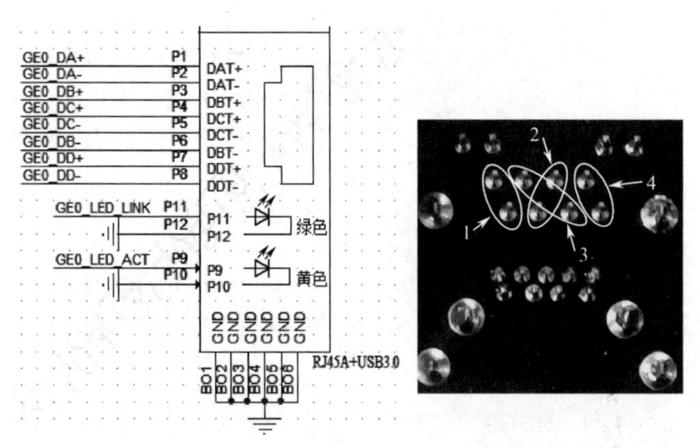


图 8.14　RJ45 接口电路原理图和 PCB 焊点位置

（5）把主板网络变压器拆除，使用万用表单独测量网络变压器 PIN13（GE0_DA+）和 PIN14（GE0_DA-），均不通，由图 8.15 可以判定网络变压器这一组信号线圈存在开路现象，这导致网络不通。

更换网络变压器 T15，设备网络模块与交换机实现通信，ACT 状态灯（橙灯）闪烁，通过示波器测量电阻 R4670 信号波形（见图 8.16），波形有明显流动，有数据传输，设备工作正常。

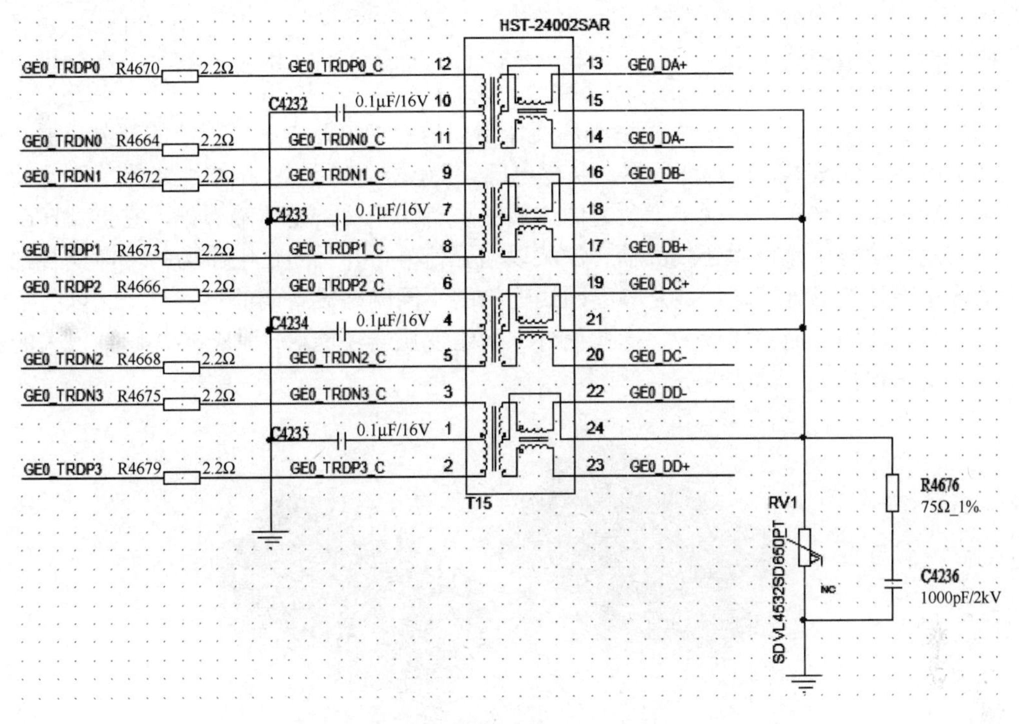


图 8.15 网络变压器原理图

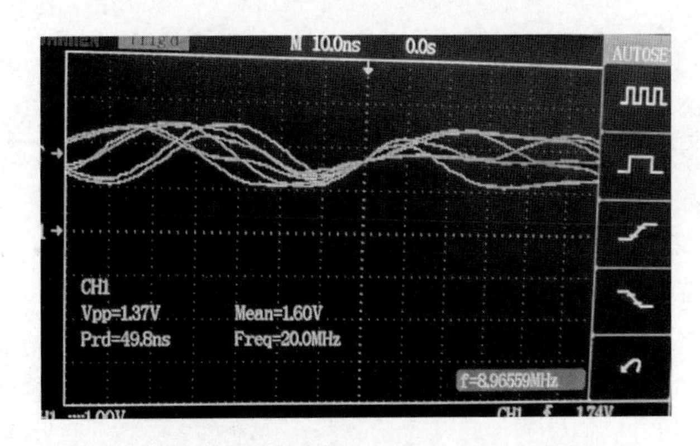


图 8.16 网络变压器 PIN12 的信号波形

## 8.3.5 维修小结

在网络不通且 ACT 状态灯不亮的情况下，可以重点测量网络变压器的输入和输出端，并考虑 PHY 芯片是否工作，如测量 PHY 芯片 3.3V 和 1.2V 供电电压及检测时钟模块 25MHz 晶振是否起振。

在 ACT 状态灯闪烁，搜索不到设备 IP 的情况下，可以确定网络变压器两端是正常的。此时需要考虑是 PHY 芯片的外围电路及 PHY 芯片本身有故障，还是主控模块网络通信引脚存在故障。

### 8.3.6 相关知识点

网络变压器（也称为数据汞/网络隔离变压器）是网卡电路中不可或缺的部分，主要包含中间抽头电容、变压器、自耦变压器、共模电感，如图 8.17 所示。网络变压器一般安装在网卡的输入端附近。它在一块网卡上所起的作用主要有两个：一是传输数据，它把 PHY 芯片送出来的差分信号用差模耦合线圈耦合滤波以增强信号，并且通过电磁场的转换耦合到不同电平的连接网线的另外一端；二是隔离网线连接的不同网络设备间的不同电平，以防止不同电压通过网线传输从而损坏设备。除此而外，网络变压器还能对 PHY 芯片起到很大的保护作用（如雷击保护）。

图 8.17　网络变压器

## 8.4 网络硬盘录像机无 VGA 输出故障的分析与排除

本节主要介绍存储设备的 VGA 信号传输流程和工作原理，并通过实际案例剖析 VGA 显示的工作原理及各个引脚的工作条件，使维修人员可以快速、精准地定位故障并修复设备。

网络硬盘录像机无 VGA 输出故障的分析与排除

### 8.4.1 故障描述

某商场安装了一批监控设备，在使用过程中有一个网络硬盘录像机的 VGA 无显示，经初步排查排除了监视器、线缆和设置问题，锁定故障为网络硬盘录像机无 VGA 输出。

### 8.4.2 维修流程分析

维修人员参照网络硬盘录像机无 VGA 输出故障维修流程分析图（见图 8.18），逐步排查各故障点，从最基础的外观检查、监视器和 VGA 线缆的排查，到设置排查，最后结合信号传输流程和工作原理，找出异常点。维修人员在判定故障时应有完整的分析思路，尽可能罗列出每个可能的故障点，并逐个分析排查，最终将故障定位至最小模块。

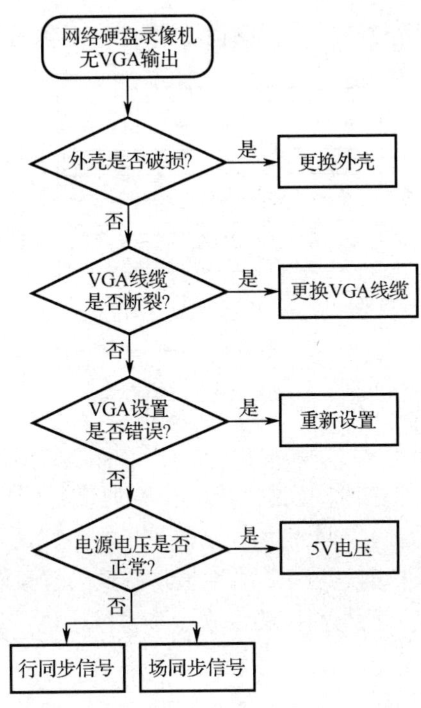


图 8.18　网络硬盘录像机无 VGA 输出故障维修流程分析图

## 8.4.3　工作原理解析

（1）VGA 接口定义。

VGA（Video Graphics Array，视频图形阵列）是 IBM 于 1987 年提出的一个使用模拟信号的计算机显示标准。VGA 接口是计算机采用 VGA 标准输出数据的专用接口。VGA 接口共有 15 个引脚，分成 3 排，每排 5 个，如图 8.19 所示。VGA 接口可传输 RGB 信号及同步信号（水平信号和垂直信号）。大多数计算机与外部显示设备之间都是通过模拟 VGA 接口连接的，计算机内部以数字形式生成的显示图像信息，被显卡中的 D/A 转换器转变为 R、G、B 三原色信号和行、场同步信号，信号通过 VGA 线缆传输到外部显示设备中。

VGA 接口共有 15 个引脚，其对应引脚的定义如下：1 为红色，2 为绿色，3 为蓝色，4 为地址码，5 为自测试（各厂家定义不同），6 为红地（红线的屏蔽线），7 为绿地（绿线的屏蔽线），8 为蓝地（蓝线的屏蔽线），9 为保留（各厂家定义不同），10 为数字地，11 为地址码，12 为地址码，13 为行同步，14 为场同步，15 为地址码（各厂家定义不同）。

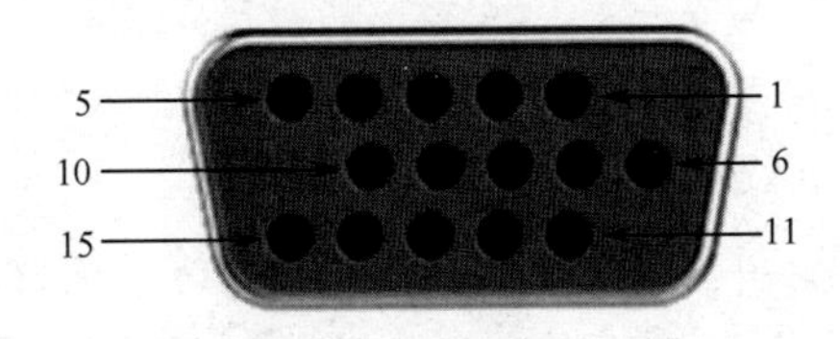


图 8.19　VGA 接口

（2）VGA 显示原理。

VGA 显示器采用图像扫描方式进行图像显示，如图 8.20 所示，将构成图像的像素点在行、场同步信号的同步下，按照从左到右、从上到下的顺序扫描到显示屏上。

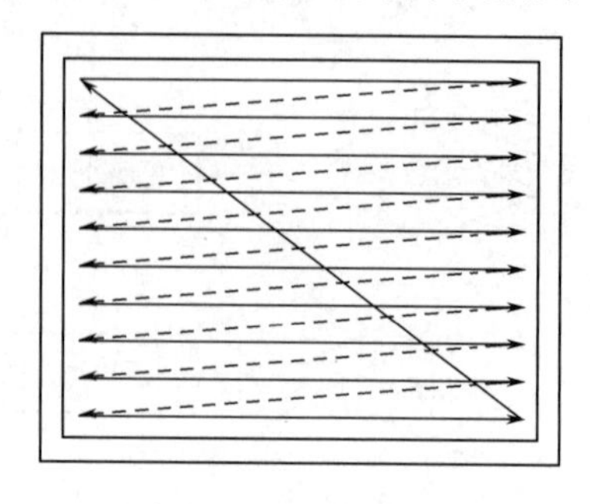

图 8.20　图像扫描方式

电子束在显示屏上有规律地从左到右、从上到下扫描。在扫描过程中，受行同步信号控制，逐点从左往右扫，完成一行扫描的时间倒数为行频。同时在行同步脉冲周期内回到显示屏的左端，从上往下形成一帧，在垂直方向上受场同步信号控制，完成一帧扫描的时间倒数为场频。图像的显示过程就是在电子束扫描过程中，将地址与图像的像素点依次对应，每个被寻址的像素点只获得其自身的控制信息，而与周围的像素点不发生干扰，从而可以显示稳定的图像。

## 8.4.4　故障定位及排除

VGA 显示器由 LT8612SX 作为驱动芯片，CPU 输出 1 路 HDMI 信号给 LT8612SX，LT8612SX 分别输出 2 路信号（HDMI 信号和 VGA 信号），根据 CPU 输出的 HDMI 信号是否正常，可以判断 LT8612SX 电路是否异常。故障定位步骤如下。

（1）断电，用万用表测量 RGB 信号并检测行、场同步引脚连接的 TVS 是否短路。

（2）用万用表测试 VGA 接口关键引脚无电时的对地阻抗，如表 8.2 所示。

表 8.2　VGA 接口关键引脚无电时的对地阻抗

| 引　　脚 | 对地阻抗/Ω |
|---|---|
| 行同步 | 513 |
| 场同步 | 513 |
| 红色 | 75 |
| 绿色 | 75 |
| 蓝色 | 75 |

（3）用示波器测试 RGB 信号及行、场同步信号波形是否正常输出，如图 8.21 所示。

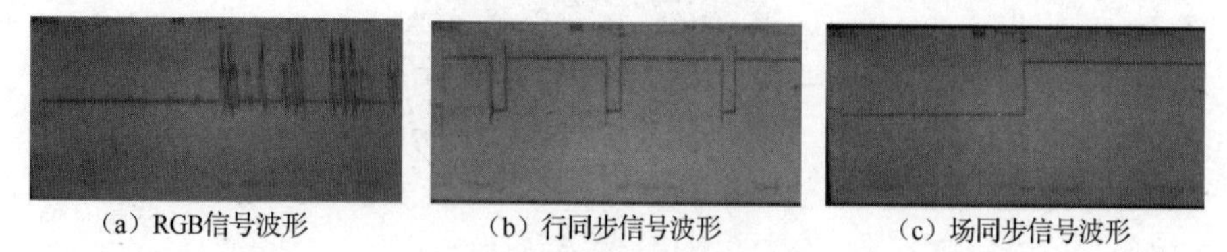

（a）RGB信号波形　（b）行同步信号波形　（c）场同步信号波形

图 8.21　主要信号波形

（4）更换芯片本体后，行、场同步信号为正常方波，VGA 图像测试正常。

### 8.4.5　维修小结

在维修设备无 VGA 输出故障时，根据故障维修流程分析图，逐步排查故障点，有针对性地排查问题。在排查思路不清晰时，不要盲目拆件、换件。

### 8.4.6　相关知识点

色差端子转换器 LT8612SX 是一个从 HDMI 到 HDMI 和 VGA/YPbPr 转换器，它将 HDMI 数据流转换为标准 HDMI 信号和模拟 RGB/YUV 信号。标准 HDMI 信号使用 19 线实现数据传输。LT8612SX 采用最新的 ClearEdge TM 技术实现 HDMI 源设备（如手机、适配器等）到 HDMI 设备的转换。它也可以输出模拟 RGB 信号或不单独的同步信号或 YPbPr。

## 8.5　网络硬盘录像机不识别硬盘故障的分析与排除

网络硬盘录像机不识别硬盘故障的分析与排除

本节主要介绍网络硬盘录像机的硬盘供电电路，并通过实际案例剖析其工作原理及电源模块各个引脚的工作条件，使维修人员可以快速、精准地定位故障并修复设备。

### 8.5.1　故障描述

某办公大楼内一个网络硬盘录像机启动后无法识别硬盘，插上鼠标，指示灯亮，可以通过鼠标进行操作。

### 8.5.2　维修流程分析

网络硬盘录像机启动后无法识别硬盘，先用好的硬盘数据线替换旧线，如果故障依旧存在，则需要用好的硬盘替换旧盘，替换后如果故障依旧存在，则需要用万用表测量硬盘的两路电源供电情况。网络硬盘录像机不识别硬盘故障流程分析图如图 8.22 所示。

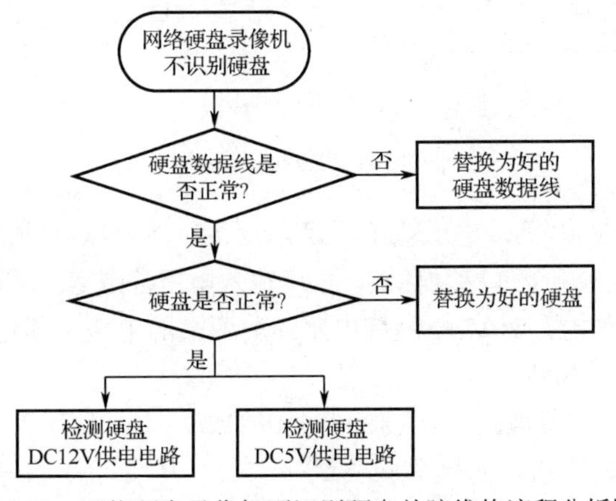


图 8.22　网络硬盘录像机不识别硬盘故障维修流程分析图

### 8.5.3 工作原理解析

SATA（Serial Advanced Technology Attachment，串行高级技术附件）接口由一组金属接点和塑料插槽组成。它通常采用弯曲的 L 形插头设计，以便与硬盘驱动器等设备进行连接。SATA 接口通常可提供 5V 和 12V 两种电压输出，以满足不同设备的供电要求。SATA 接口的工作原理相对简单。当计算机启动时，电源通过主板上的电源线路向 SATA 接口提供电能。SATA 接口中的电线负责将电能传输到硬盘驱动器等设备中，以供其运行。同时，SATA 接口还能通过信号线传输信息，与主板实现数据交换。SATA 接口硬盘的供电如图 8.23 所示

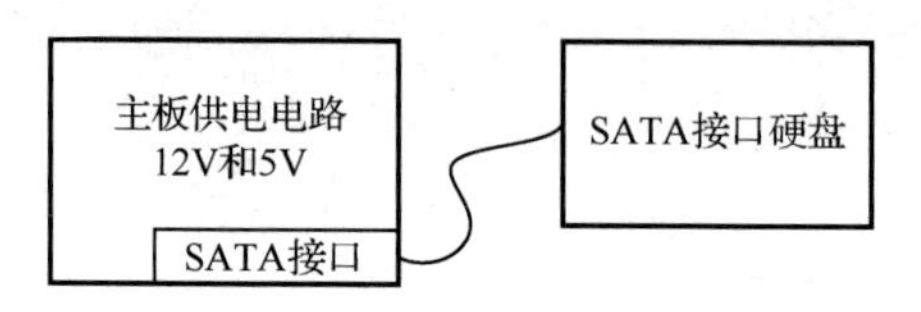


图 8.23　SATA 接口硬盘的供电

### 8.5.4 故障定位及排除

SATA 接口硬盘的 DC5V 供电是由 DC12V 通过同步降压型 DC/DC 转换器 FR9888 转换输出的。FR9888 在本案例中输出 DC5V 电压，主要为前后 USB 接口及硬盘供电。

（1）使用万用表直流电压 20V 挡测量硬盘的供电情况，DC12V 正常，DC5V 实测为 3.8V，偏低。FR9888 原理图如图 8.24 所示。

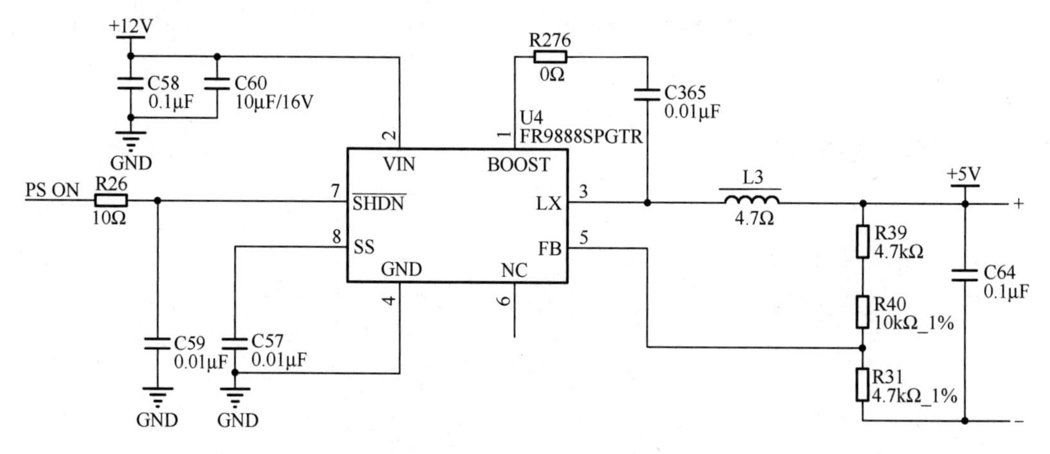


图 8.24　FR9888 原理图

FR9888 输出 DC3.8V 电压，电压输出不足，设备虽然可以启动，但是无法识别硬盘，鼠标也由其提供的电源供电，由于鼠标功耗低，供电输入电压范围宽，因此 3.8V 足够其正常运行。

（2）使用万用表直流电压 20V 挡测量电感 L3 两端的电压，靠近 FR9888 一端的电压是 4.98V，另外一端的电压是 3.8V。

（3）测量 FR9888 的偏置电路，在设备不上电的情况下，使用万用表电阻挡测量 FR9888 反馈输入引脚（PIN5）的分压器对地阻抗，为 4.7kΩ，与实际标称值一致，说明分压器对地阻抗正常。

（4）在分压器对地阻抗正确的情况下，分压器上产生的电压只与电流有关，影响电流的只有电感 L3，拆除主板电感 L3，替换为一个好的同规格电感焊接至 L3 处。设备上电，再次测量电感两端的电压，均为 4.98V。

（5）将设备连接硬盘、鼠标，重新上电启动，识别硬盘正常，说明设备修复成功。

## 8.5.5　维修小结

当网络硬盘录像机不识别硬盘时，首先检查硬盘数据线是否正常，其次检查硬盘是否正常，最后检查硬盘供电是否正常。

硬盘供电 DC12V、DC5V 缺一不可，务必确保两路电源供电正常。DC12V 由外部电源直接供电，DC5V 通过主板电源模块转换输出。

## 8.5.6　相关知识点

FR9888 是一款同步降压型 DC/DC 转换器，输入电压范围为 4.5～23V，输出电压范围为 0.925～20V，最大可以提供 3700mA 连续负载电流能力，如图 8.25 所示。开关电源具有 93%的高电源转换效率，热损低，可解决线性稳压器效率不高的问题。FR9888 为内置 MOSFET、软启动电路，以及过温、过压、低压等保护电路的开关电源，可简化电路及减小占用的 PCB 面积。

FR9888 的外形和引脚功能说明如图 8.25 所示。

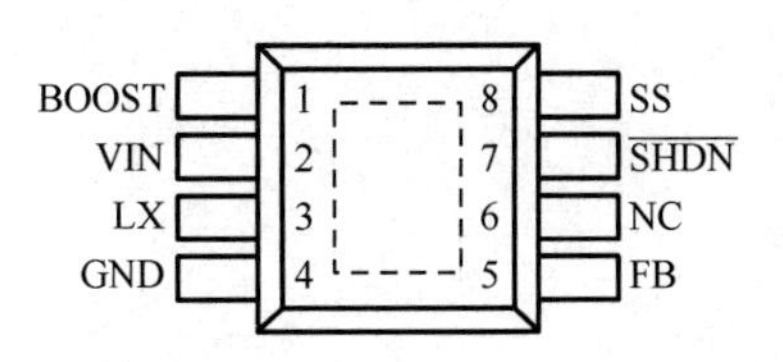


| 引脚序号 | 引脚名称 | 输入/输出 | 引脚功能 |
|---|---|---|---|
| 1 | BOOST | 输出 | 高边栅极驱动升压引脚。该引脚和 LX 之间连接一个 10nF 或更大的电容，可以增强栅极驱动，完全开启内部高边 NMOS |
| 2 | VIN | 输入 | 电源输入引脚。由 4.5V 到 23V 的电压驱动，为芯片提供能量 |
| 3 | LX | 输出 | 电源开关输出 |
| 4 | GND | 输入 | 接地 |
| 5 | FB | 输入 | 电压反馈输入引脚 |
| 6 | NC | 输出 | 未使用，保持悬空 |
| 7 | SHDN | 输入 | 使能输入引脚。该引脚输入低电平时，此芯片工作 |
| 8 | SS | 输出 | 软启动引脚，从 SS 引脚到 GND 连接一个电容，可以控制软启动时间 |

图 8.25　FR9888 的外形和引脚功能说明